发现中国
印记丛书

九重阊阖开天阙

杜卫民 白炜 著

北京出版集团公司
北京少年儿童出版社

图书在版编目（CIP）数据

九重阊阖开天阙 / 杜卫民，白炜著. — 北京 ：北京少年儿童出版社，2019. 3
(发现中国印记丛书)
ISBN 978-7-5301-5523-3

Ⅰ. ①九… Ⅱ. ①杜… ②白… Ⅲ. ①建筑史—中国—青少年读物 Ⅳ. ①TU-092

中国版本图书馆CIP数据核字(2018)第234598号

发现中国印记丛书
九重阊阖开天阙
JIU CHONG CHANGHE KAI TIANQUE
杜卫民　白炜　著
*
北 京 出 版 集 团 公 司
北 京 少 年 儿 童 出 版 社　出版
（北京北三环中路6号）
邮政编码：100120
网 址：www.bph.com.cn
北 京 出 版 集 团 公 司 总 发 行
新　华　书　店　经　销
北京瑞禾彩色印刷有限公司印刷
*
787毫米×1092毫米　16开本　9.5印张　116千字
2019年3月第1版　2019年8月第3次印刷
ISBN 978-7-5301-5523-3
定价：35.00元
如有印装质量问题，由本社负责调换
质量监督电话：010-58572393

发现中国印记丛书

中华文明博大精深，源远流长。我国丰富的文物资源就是这一光辉历史的见证。文物是历史文化的积淀，是一个民族独立于世、长存于世的标志。我们通过系统研究祖先留下的珍贵文化遗产能够知道：我们是谁，我们从哪里来。这样，我们才不会迷失自己。

无声的文物携带着丰富的物质文化信息，是我们了解已经消逝的古代社会的一把钥匙。大量珍贵文物记录了不同时代的物质文化和科技发展，展现了我国古代工匠的卓越智慧和高超技艺。

有关机构曾对北京市某区域中小学传统文化教育现状进行了抽样调查。调查结果显示，大多数学生对传统文化的了解只停留在知晓阶段，并不深入。对于包括中国古代建筑、瓷器、地方特色浓郁的小剧种等在内的传统文化种类，多数学生并不了解。

振兴国家，复兴民族，实现伟大的中国梦，离不开雄厚的物质基础，也需要传统文化的滋养启迪和精神支撑。鉴于此，我们推出“发现中国印记丛书”，旨在为广大青少年读者营造一座“纸上博物馆”，生动讲述一件件文物背后的故事，向世界展示中华优秀传统文化。青少年读者可以在这座沉淀着美和时光的“纸上博物馆”中，深入了解中华文化的不同面貌，领悟中华传统文化的思想精华和道德精髓，从而更深刻地了解中华优秀传统文化，增强民族自信心和民族自豪感。

丛书按主题分为陶瓷、书法（上下册）、建筑、科技、绘画、兵器、中医8本，这些主题具有鲜明的民族特色，历史悠久，内涵博大精深。作者说文物，讲故事，化艰深为平易，带领读者走进文物背后的历史。相信通过阅读，每一位青少年读者都会大开眼界，惊叹于中华文化的光辉灿烂，从中汲取优质养分，提高审美能力，塑造完美人格，提升精神境界。

开卷有益。我们相信，“发现中国印记丛书”将引领青少年读者走进中华传统文化的殿堂，成长为中华文明的守护者和传承者。

编者

2019.3

自序

九重阊阖开天阙

总面积约5万平方米的西安半坡遗址，是新石器时代仰韶文化的遗存；修建在崇山峻岭之上、蜿蜒万里的长城，是人类建筑史上的奇迹；建于隋代的河北赵县的赵州桥，在科学技术同艺术的完美结合上早已走在世界桥梁学的前列；高达67.31米的山西应县木塔，是世界现存最高的木结构建筑；北京明、清两代的故宫，则是世界上现存规模最大、建筑精美、保存完整的古建筑群。

我国古代建筑是我国古代灿烂文化的重要组成部分，是中华民族数千年来世代经验的积累所创造的，是我们祖先劳动和智慧的结晶。中国古建筑历史悠久、技术高超、艺术精湛、风格独特，在世界建筑史上自成系统；这些建筑在城市规划、施工技术、环境美化、装修装饰等方面，都具有卓越的创造性，直到今天，仍为我们创造现代新建筑提供参考与借鉴。

木构架，即以木柱、木梁等构成的房屋框架，是我国古代建筑最重要的特征。这种结构取材与运输方便、加工与拆建简易；在空间分隔、结构组合、门窗设置上有极大的灵活性，可以使房屋在不同气候条件下，满足千变万化的功能要求。

我国古代建筑在内外装饰、装修及环境的营造上极其考究，创造了十分高雅精美、富有民族气派的艺术形式：金色琉璃的屋顶，朱漆的圆柱，五彩的斗拱、额枋，雪白的栏杆，在蓝天白云的映衬下，无比动人；再加上牌坊、华表、石狮的衬托，无比壮丽。而民居建筑的白墙灰瓦在花、竹的映衬下又显得格外素雅。

我国古代的园林艺术，是举世公认的人类文化宝库中的珍宝。我国的自然山水式园林与欧洲几何式园林并称世界两大体系。它以中国意境深邃的山水诗、山水画为蓝本，“巧于因借，精在体宜”，使用各种巧妙而简便的方法处理环境空间，“虽由人作，宛自天成”，创造出模拟自然而优于自然的环境。我们祖先在这方面取得的光辉成就是我们的骄傲，应继承发扬。

我国古代建筑值得借鉴的地方很多。我们反对民族虚无主义，要发扬爱国主义，但也要反对复古主义和形式主义。毕竟，古代建筑是在当时的技术条件下的产物，许多建筑是为服务统治阶级、满足他们的审美趣味而

建造的。我们今天借鉴古代建筑，必须在新技术、新材料的基础上，根据广大人民群众生产和生活实际及审美情趣的需要，再参照和运用古代建筑技巧，展现和传承民族优秀文化与艺术，使中华民族的优秀建筑艺术长存于世。

九重阊阖开天阙

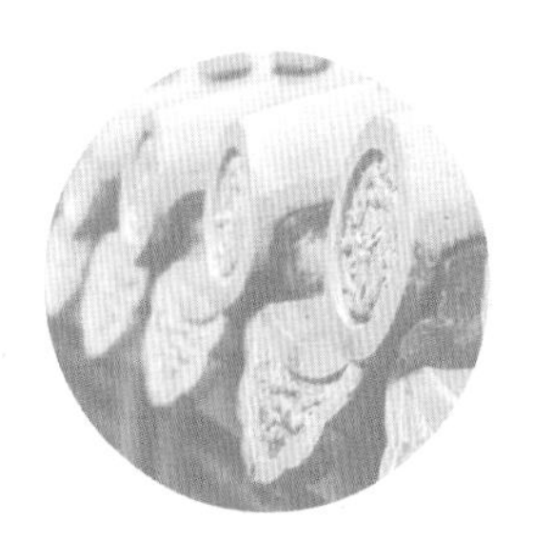

最伟大的城墙——万里长城

古今中外，凡到过长城的人无不惊叹这气势磅礴、规模宏伟的艰巨工程。长城是中华民族的骄傲、中华伟大文明的象征，作为非凡的文物古迹，长城，已经被联合国教科文组织列为世界文化遗产；长城是中华民族精神的象征，“把我们的血肉，筑成我们新的长城”，这是我们的国歌，象征着中华民族坚不可摧、永存于世的伟大意志和力量。

长城的修建

在河南省新密市境内，有一段龙山文化时期的夯土城墙，说明约5000年前就已经有了城墙这种军事防御工程。昏庸的周幽王为了博得王后褒姒一笑，烽火戏诸侯，由此说明周朝已经有了带烽火台的长城。

公元前221年，秦始皇统一了中国，命大将蒙恬修筑长城。蒙恬在原有的秦、赵、燕三国长城的基础上，将各段城墙加以连接并延长，成为西起临洮、东至辽东的万里长城。

据记载，每修建一米长城需要五窑砖。当时没有任何机械，全靠手工施

秦始皇像

工，靠人工搬运。工作环境又是崇山峻岭、峭壁深壑，十分艰难。秦始皇动用了近百万劳动力修筑长城，占全国人口的1/20。千千万万劳动人民为它贡献了智慧，流尽了血汗，献出了生命。这才有了孟姜女千里寻夫、哭倒长城的传说。

漫长的岁月

万里长城是我国古代工程量最大的一项伟大的防御工程，也是世界上修建时间最长的工程。自公元前七八世纪开始，延续不断地修筑了2000多年。如此浩大的工程，不仅在中国，就是在世界上，也是绝无仅有的。

秦以后直到明末，长城经过了多次的修缮和增筑，其中明代修筑工程规模最大。明王朝建立以后，为了防御鞑靼、女真等部落的侵扰，历代皇帝都重视修筑长城。自洪武至万历年间，先后18次修筑长城，现在保存下来的长城，大部分是明朝遗迹。明长城东起鸭绿江，西达嘉峪关，全长约万里，盘桓起伏于崇山峻岭之间，沿线城堡墩台林立。北京西北郊居庸关和八达岭一带的长城，气势磅礴，是现存长城遗址中最坚固完好、具有代表性的一处。

八达岭长城

居庸关在北京市昌平区。相传秦始皇修长城时，将囚犯、士卒和强征来的民夫徙居于此，后取“徙居庸徒”之意，故名居庸关。这里山峦间的花木郁茂葱茏，仿如碧波翠浪，故有“居庸叠翠”之称。居庸关形势险要，是北方草原通往京师北京的要道，自古为兵家必争之地。它有南北两个关口，南名“南口”，北称“八达岭”。八达岭作为北京的屏障，形势险要。大将军徐达于明朝洪武元年（1368年）在历代旧址上重建。弘治十八年（1505年），明朝廷把抗倭名将戚继光调来北方，指挥长城防务，进一步精心修筑。八达岭长城一段由于工程质量较高，至今仍保存完好，是明长城最精华的部分。关城有东西二门，东门额题“居庸外镇”，西门额题“北门锁钥”。城墙南北盘桓延伸于群峦峻岭之中，气势极其磅礴，以苍茫的风光和“不到长城非好汉”的口号名冠天下。作为世界文化遗产，如今八达岭长城已然成为世界著名的旅游胜地。

万里长城一隅

科学的设计

长城的设计是相当科学的。它基本上利用险要的山川形势而建，在山口与平原地区，都建筑高厚的城墙，用以截断匈奴、东胡骑兵的进出之路。如此建筑既能控制要塞，又可节约人力和材料，以达“一夫当关，万夫莫开”的效果。除了城墙，长城内外制高点还建有烽火台，以便侦察敌情和传递消息，通告长城上的驻军做好准备。在交通路口和谷口，都建筑障城，派军驻守，以加强长城的防御能力。在长城以内，每隔一段距离，都修建驻军的大城，并设有能迅速传递消息的通信网，以便统一指挥和互相支援。还有一些地方完全利用危崖绝壁、江河湖泊作为天然屏障，真可以说是巧夺天工。

1987年12月，长城作为人类文明史上最伟大的建筑工程，被联合国教科文组织确定为世界文化遗产。

古代的城市

城市是人类走向成熟和文明的标志。无论是最初的聚居地还是后来的大都会，都属于建筑群落。

我国是文明古国，5000年的历史孕育出了许多著名的城市。这些城市，有的曾是王朝都城；有的曾是当时的政治、经济重镇；有的曾是重大历史事件的发生地；有的因规模巨大、建筑宏伟而著称于世。今天，它们有的虽然消失了，但仍有迹可寻，或深深地留在人们的记忆中。

尧都

在山西省襄汾县陶寺村，考古队员发现了规模空前的城址、世界上最早的观象台、气势恢宏的宫殿、独立的仓储区及手工业区的遗迹。许多专家学者提出，陶寺遗址就是尧帝的都城。尧帝，传说中五帝之一，名叫放勋。国号“唐”，意思是“广阔”，所以又被称为唐尧。尧帝定都平阳（今山西襄汾），深受人们的爱戴。他观测天象，制定历法，用鲧治水，征伐苗民，推行公平的刑法，使得万邦和睦共处。尧选择大舜为继任人，禅让于舜。

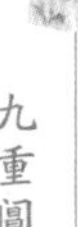

夏都

传说，大禹王死后，他的儿子启在都城的钧台（今河南禹州）大会诸侯，宣布自己继位，很多诸侯不服，于是启迁都到安邑（今山西夏县），国号为“夏”，意为“伟大”。夏朝后来时常迁都，其诸多的都城遗址尚待发掘。

河南偃师二里头文化的年代，与夏代相当。二里头宫殿遗址，总面积达200多万平方米。遗址的中心部位是宫殿，面阔8间，进深3间，东、西、南三面绕以廊庑，是一座四坡重檐大型木构建筑。殿前为宽阔的中庭。宫殿整体布局严谨，庄严气派。所以偃师二里头遗址有可能是一个夏都。

商都

汤灭夏后建立商朝。商，意为“壮丽”。最初建都于亳（今河南商丘），以后经过5次迁徙。

商代中期都城遗址位于河南省郑州市城内及郊外。1950年，河南省文物工作队发现，其遗址总面积达25平方公里，残垣至今还高出地面，清晰可见。

安阳殷墟遗址公园

城内有大型宫殿基址，城外有各种手工业作坊遗址，并有大型的青铜器出土。

商王盘庚在位时，迁都于殷（今河南安阳），直至商朝灭亡不再迁都。1899年，王懿荣在中药“龙骨”上发现商代甲骨文，后经罗振玉、王国维等考证、调查，确认出土甲骨文的河南安阳小屯村，即殷商王朝后期都城的废墟——殷墟。周灭商后，曾封纣王之子武庚于此，后武庚因叛乱被杀，殷民迁走，逐渐沦为废墟，故称殷墟。

1928年，殷墟开始被发掘，面积约24平方公里，已发掘出建筑基址80多座。这些宫殿宗庙建筑，宏伟壮观，采用黄土、木料等建筑材料，夯筑高大厚实的台基，房架用木柱支撑，墙用夯土版筑。商高宗武丁的宰相傅说本来是筑墙的奴隶，因发明“版筑法”闻名，后被武丁起用为相，国家大治。

殷墟遗址出土了大量的甲骨文、青铜器、玉石器等珍贵文物，著名的后母戊大方鼎就是在此出土的。武丁的王后妇好之墓是迄今为止发现的唯一一座未经盗掘的商王室贵族墓，于1976年在小屯村西北被发掘。墓中随葬品十分丰富，出土珍贵罕见的青铜器和玉器各有数百件。

司马迁在《史记·殷本纪》中详细记载了商王朝的世系和历史。甲骨文上面的记述与司马迁的记载完全吻合。因此从商代开始，中国历史已经不再是传说，而

【名称】后母戊大方鼎
【年代】商代
【现状】中国国家博物馆藏

是真实的记载了。

镐京与洛阳

周武王姬发灭商，国号“周”，意为“完美”。定都镐京，又称宗周，在今西安市长安区西北，是中国古代最早称京的都城，作为西周首都近300年（公元前1046—前771年）。

武王早逝，由于周成王年幼，由武王的弟弟——姬旦辅佐。姬旦封太师、周公，他是我国历史上十分重要的政治家。

周灭商后，殷商的旧贵族们不服。为了防止叛乱，控制这些殷商的旧民，周公决定在商的旧地中心——今天的洛阳建立另外一个首都——成周，又称东都。周公为这个新都制定了严格的规划。

《周礼·考工记》中记载：“**匠人营国，方九里，旁三门；国中九经九纬，经涂九轨；左祖右社，面朝后市**。”这里的国也就是国都。它是一座方形的城，九里见方。其总体布局为城的每面有3个城门，即都城12门。有南北向的街道9条，东西向的街道9条，每条街道的宽度为16米。左祖右社，指祖庙建在东边，社稷坛建在西边，左右对称。面朝后市，指朝廷要建在王宫南面，或指宫殿大门向南，市场要建在王宫北面，即朝廷在前、市场在后。

各诸侯国都城

春秋以后，各诸侯国的都城渐渐比周天子的宗周和成周还要繁华。如齐国的临淄、赵国的邯郸、晋国的新绛、秦国的咸阳、楚国的寿春等，这些城市人口众多，其中临淄的人口达到了7万户。这些诸侯国都城与周王城不同的是，它们还是繁荣的商业城市，手工业者都有自己的“肆”，他们在市肆中生产经营。巧匠备受推崇，尤其是木匠和造车匠，如鲁国的木匠鲁班，至今都家喻户晓。

汉长安

汉高祖五年（公元前202年），刘邦灭楚后，最初计划建都洛阳，后来听从张良等人建议，认识到关中战略地位的重要性，决定还是定都关中。同年闰九月，刘邦修复秦的兴乐宫，并改名为长乐宫，以此为基础，兴建都城，取名长安。

长安城城垣周回60里（汉制）左右，城高3丈5尺，四周各开3座城门，四面河水环绕。汉武帝时在未央宫北面增修北宫，并新建有桂宫、明光宫等宫殿群。在城西和城南分别修筑建章宫和明堂，在城西南开凿昆明池，以及拓展上林苑。建章宫建在未央宫西侧，周回30里，规模比长乐、未央两宫都大，高可俯视未央宫，有凌空阁道，跨越城墙，连通未央宫。

汉代长安城面积是当时罗马城的2.5倍。汉武帝以后，长安城中再没有大规模地兴建，一直维持着原来的规模。经过西汉末年、东汉末年和魏晋南北朝期间的无数次战争动乱，长安城日益凋敝。

隋唐长安

隋文帝统一全国后，决定在龙首原南侧另建新都。隋文帝开皇二年（582年）六月，下诏兴建新都，由营新都副监宇文恺负责规划设计并组织施工。隋文帝在北周时曾受封为大兴郡公，故命名新都为大兴城，宫城为大兴宫，宫城正殿为大兴殿，大兴殿正门为大兴门，新设禁苑为大兴苑。开皇三年（583年）三月竣工，隋迁都大兴城。

宇文恺是我国建筑史上著名的天才建筑师。大兴城完全按照宇文恺的总体规划施工建造，平面布局规整，整个城市由外郭城、宫城和皇城三部分构成。外郭城形状近方形，东西宽度略大于南北长度，东西宽9公里多，南北长8公里多，城周长35.5公里。大兴城外郭城南、东、西三面各开3门。城内靠北墙中央为宫城，其南为皇城，其余部分共有14条东西向街道、11条南北向街道，把外郭城分成排列规整的坊市。以全城南北中轴线朱雀街（正对皇城正门朱雀门）为界，两侧相互对称。全城共有109坊，朱雀街西为55坊，朱雀街东因城东南角曲江池占去一坊地，比街西少一坊，为54坊。此外，在朱雀街东西两侧，各用两坊的面积建东市和西市。坊四面有围墙，通过固定的坊门出入，是相对封闭的居住区。坊又称里，坊制是由秦汉在城乡普遍施行的闾里制发展而来的。东、西两市是商肆集中的商业区。祖庙和社稷坛也按照《周礼·考工记》“左祖右社”的说法，分别排列在皇城城垣内的东西两侧。为解决宫廷和城内居民的生活用水以及园林绿化用水，宇文恺在大兴城中还设计了永安渠、清明渠、龙首渠和曲江池等几条水渠，流贯外郭城、皇城、宫城和大兴苑。曲江池本是一处天然水泊，宇文恺进一步疏凿整治，一方面作为水库，调剂城内供水，另一方面也为城市开辟一处风景区。

宇文恺的成就，得到了当时和以后社会的普遍认可，在中国建筑史乃至世界建筑史上，他都享有很高的地位。他规划的大兴城，对中国以后各代以及日本等国的城市建设产生了深远的影响。比如北宋汴梁城（今河南开封）和元明清的北京城、日本的平京城（今奈良）和平安京（今京都）都照此仿建。

唐代定都大兴城后，更名大兴为长安，在城东北角地势最高的龙首原上兴建了富丽辉煌的大明宫。宫内的主殿含元殿居高临下，有对称的高阁、回廊，是举行盛大朝会的场所。

兴盛的唐代，吸引了数以千计的外国商人、使臣、留学生、宗教徒和各类技艺人长期侨居，成为当时东西经济文化交流的集中点和桥梁。长安人口多达百万，成为世界上最繁华的国际都市。唐玄宗手下大将鲜于庭诲墓中出土的三彩骆驼载乐俑是国宝级文物，表现的就是来长安的西域艺人。

【名称】三彩骆驼载乐俑
【年代】唐代
【现状】中国国家博物馆藏

汴梁

宋代翰林图画院待诏张择端所绘的《清明上河图》是古代最著名的风俗画，属于稀世珍品，堪称国宝。《清明上河图》通过对北宋都城汴梁的水陆交通运输、市井街肆、百姓生活的描绘，反映出汴梁汴河两岸物阜民丰、万方辐辏的繁荣景象。《清明上河图》内容丰富、规模宏大，据统计，该画绘有各色人物1659人、动物209只，个个神形兼备，惟妙惟肖；各种商铺鳞次栉比，轿船车马熙熙攘攘，真实而多方面、多角度地反映了北宋的都市生活。

“城”是防御功能的概念，“市”则是贸易、交换功能的概念。前者是

围绕城邑建造的一整套防御建筑物以及边境的防御墙和大型屯兵堡寨。后者则是城中集中进行商业活动的场所及相应的建筑物，其中除市楼及各类店铺外，还有旅邸等商业建筑。北宋以后的城市都没有唐代那种宏大而整齐的气魄了。但是，随着经济的繁荣，城市商业日益发达，城市人口也迅速增加。唐代10万户以上的城市只有10多个，北宋增加到40多个。京城汴梁的人口在20万户以上。唐代的城市商业实行坊（居民区）市（商业区）分置、行业分设的制度，对交易时间也有严格的控制。到北宋时，城市的店铺可以随处开设，出现了夜市，商业活动已经突破了

【名称】张择端《清明上河图》局部
【年代】宋代
【现状】北京故宫博物院藏

坊市、行业和时间的界限。城市规划打破了自古以来把居民和商肆封闭在坊市之内的传统，拆除坊墙、临街设店、居住小巷可直通大街，形成开放型街巷制城市，这是中国古代城市发展的一个巨大变化。

【名称】徐扬《盛世滋生图》（《姑苏繁华图》）局部
【年代】清代
【现状】辽宁省博物馆藏

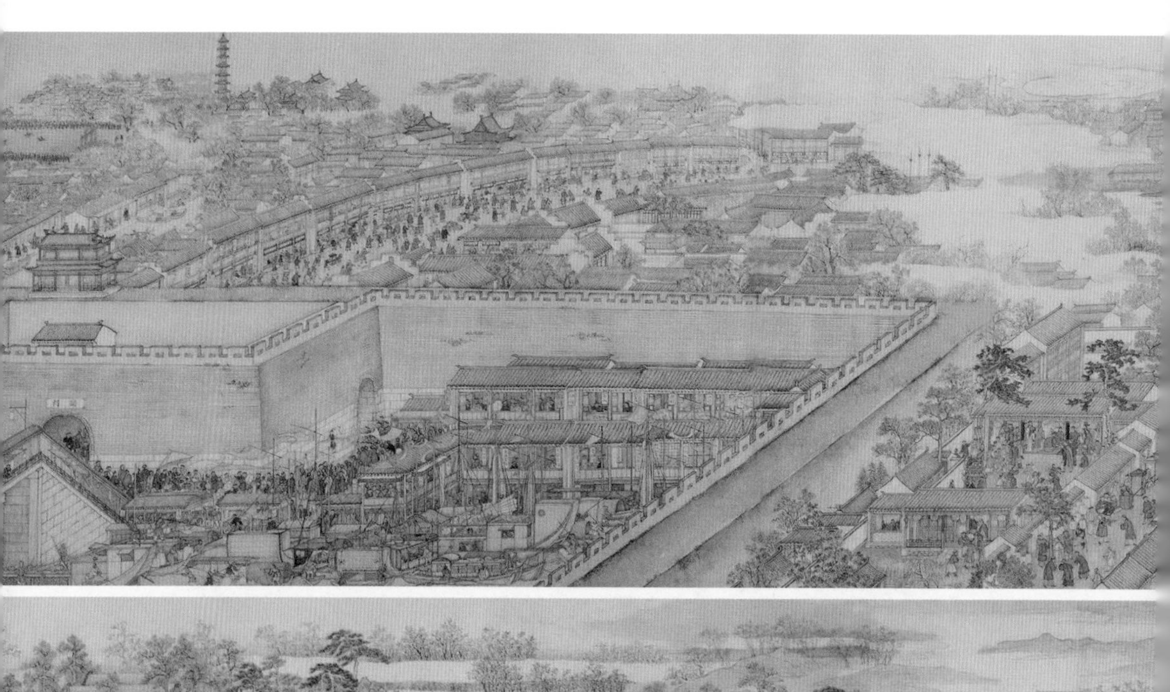

古城苏州，人文荟萃，物产丰饶，风物佳丽，有人间天堂之称。到了清前期，苏州是全国经济文化最为发达的城市，自然受到帝王的喜爱。

乾隆十六年（1751年）正月十三，乾隆皇帝第一次南巡。行至苏州，当地有一位名叫徐扬的画家进献了一幅画，这是一幅反映当时苏州市井风情的巨

幅长卷，名叫《盛世滋生图》（后来改名为《姑苏繁华图》，现收藏于辽宁省博物馆）。整幅画布局精妙严谨，气势恢宏，十分细腻地描绘了苏州城郊百里的风景和街市的繁华景象。

《盛世滋生图》是继宋代《清明上河图》后的又一宏伟长卷，全长1225厘米，宽35.8厘米，比《清明上河图》还长1倍多。画面自灵岩山起，由木渎镇东行，过横山，渡石湖，历上方山，介狮和两山间，入苏州郡城，经盘、胥、阊三门，穿山塘街，至虎丘山止。作者自西向东，由乡入城，重点描绘了一村（山前）、一镇（木渎）、一城（苏州）、一街（山塘）的景物，画笔所至，连绵数十里的湖光山色、水乡田园、村镇城池、社会风情跃然纸上。粗略计算，整幅画有各色人物12000余人，各色房屋建筑2140余栋，各种桥梁50余座，各种客货船只400余艘，各种商号招牌200余块，完整地表现了气势宏伟的古城苏州的市井风貌，是研究“乾隆盛世”的形象资料，具有极大的艺术、人文和历史价值。

消失的伟大宫殿

在我们今天的社会，最壮丽的建筑是服务大众的公共建筑。比如体育馆、剧院、商场——而在古代，最辉煌的建筑是帝王的宫殿。宫殿在中国古代建筑中占有重要的位置。许多恢宏壮丽的宫殿是人类建筑历史上的奇迹。可惜它们都已随着其拥有者的灰飞烟灭而成为遗迹，只留下残砖断瓦供后人回忆感叹。

朝歌鹿台

古书上记载：上古时候，崇尚俭朴。所以尧帝的成阳宫、舜帝的郭门宫，都是茅茨土阶。

偃师二里头遗址曾发掘出两座年代相当于夏代的大型宫殿基址。一号宫殿基址，长宽均在百米左右，总面积约1万平方米，建筑于夯土台基之上，殿堂建有廊庑，正面为门，殿前为宽阔的中庭，布局严谨，主次分明。据分析，这里可能是夏后或大奴隶主贵族聚会、祭祀、行礼或发号施令的场所。二号宫殿基址与一号相似，还保存了夯筑的大型墙壁及陶水管等地下水道设施。《竹

【名称】石雕建筑构件
【年代】商代
【现状】台北历史博物馆藏

书纪年》载，夏桀“筑倾宫，饰瑶台，作琼室，立玉门”，可见当时建筑业的发达。

到了商代末年（公元前12世纪），商纣王广作宫室囿苑，“南距朝歌，北据邯郸及沙丘，皆为离宫别馆”。商纣王在朝歌（今河南淇县）建造的鹿台，“大三里，高千尺”，七年而就，工程之大不言而喻。周武王伐纣，商纣王发兵拒之于牧野（今河南新乡）。纣王战败，逃至鹿台，自焚而死。

周武王革命之后，商纣王的宫殿就全部被毁，所以商纣王的叔叔箕子由朝鲜“朝周，过故殷墟，感宫室毁坏生禾黍”而伤之。

约3000年以后，安阳殷墟被发掘，人们发现很多宫殿遗址。其中有许多土筑殿基，上置大石卵柱础，行列井然。柱础之上，有的还覆以铜板，其中遗留有若干处木柱被焚烧的痕迹。除殿基外，尚有门屋、水沟等遗址。通过上图那个完整的石雕建筑构件，人们就能想象到宫殿的精致与辉煌。

阿房宫

“六王毕，四海一。蜀山兀，阿房出。覆压三百余里，隔离天日。骊山北构而西折，直走咸阳。二川溶溶，流入宫墙。五步一楼，十步一阁；廊腰缦回，檐牙高啄；各抱地势，钩心斗角……楚人一炬，可怜焦土！”这是唐代大诗人杜牧著名的《阿房宫赋》，描写的是我国历史上最伟大的建筑之一——阿房宫。

公元前221年，秦始皇统一六国之后，没有重视与民休息，稳定社会，恢复经济，而是凭借高度集中的人力与物力，大兴土木。首先，在都城咸阳北坂上营造六国宫殿；其次，加固扩建跨越渭河的横桥，并在渭河南岸上林苑中营建新宫——阿房宫；最后，在骊山北麓修建规模宏大的陵园。

阿房宫是秦王朝拟建的政令中心。它位于今陕西西安市以西15公里处，与秦都咸阳隔渭河相望。秦始皇统一全国后，国力日益强盛，国都咸阳人口增多。始皇帝三十五年（公元前212年），在渭河以南的上林苑中开始营造朝宫，即阿房宫。由于工程浩大，秦始皇在位时只建成一座前殿。据《史记·秦始皇本纪》记载：“前殿阿房东西五百步，南北五十丈，上可以坐万人，下可以建五丈旗，周驰为阁道，自殿下直抵南山，表南山之颠以为阙，为复道，自阿房渡渭，属之咸阳。”

秦代一步合6尺，300步为一里，秦一尺约0.23米。如此算来，阿房宫的前殿东西宽690米，南北深115米，占地面积约8万平方米，容纳万人自然绰绰有余。相传，阿房宫有大小殿堂700余所，一天之中，各殿的气候不尽相同。宫中珍宝堆积如山，美女成千上万。据说，秦始皇一生巡回各宫室，一天住一处，至死时也未把宫室住遍。

阿房宫周围都有阁道；殿前有“驰道”，直达南山，并以南山的山顶作为殿前的门阙；殿后加“复道”，跨过渭水与咸阳相连。这种带山跨河的布置手法将咸阳附近200里建造的270多处宫观和大量连属的复道组织进去，把数十公里外的天然地形“南山之颠”也组织进去，气魄之大，正是秦这个伟大帝国的真实写照。

《史记》里记载得很清楚：秦二世即位时，阿房宫“室堂未就”，因始皇“崩”，便停工，将70万劳力全赶去修秦陵。等到这年四月“复作阿房宫”，七月陈胜、吴广就起义了。前后这么短的时间，显然建不成阿房宫。其规模之大，劳民伤财之巨，可以想见。

修长城、建阿房宫、筑皇陵——秦代的劳役之苦旷日持久，前无古人，后无来者。与此同时，秦朝统治者还制定了严刑酷法，百姓动辄触犯刑律，罪人、刑徒多至数十万、上百万。监狱里人满为患，道路上身穿赭色囚衣的刑徒络绎不绝，百姓异常困苦。广大百姓的反抗斗争不断发生。陈胜、吴广带头在大泽乡（今安徽宿州东南刘村集）揭竿而起，首倡义旗，各地纷纷响应。项羽火烧阿房宫的说法流传了约2000年，几乎已经成了历史常识。《史记》上似乎说得明确：“项羽引兵西屠咸阳，杀秦降王子婴，烧秦宫室，火三月不灭。”项羽率领大军往西攻克了咸阳城并对该城实行屠城，杀死了秦朝已经投降的秦王嬴子婴，焚烧秦朝的宫室，焚烧宫室的大火3个月都没熄灭。

今陕西省西安市西郊约15公里处的阿房村，是当年著名的秦始皇阿房宫的遗址。从2002年10月起，中国社科院考古所和西安市考古所联合组建了秦阿房宫考古工作队，并在秦阿房宫前殿遗址（以下简称前殿）进行考古勘察和发掘。虽历经2000多年的风雨剥蚀，但地面上仍残留有高出地表7～9米的巨大的夯土台基。前殿夯土台基东西长1270米、南北宽426米、现存最大高度达

12米，夯土面积达541020平方米。在此出土的巨型云气纹瓦当（即瓦头）直径竟达2尺，从中可以看到秦代建筑惊人的规模。截至目前，前殿是阿房宫中最宏伟的一组建筑，也是迄今所知中国乃至世界古代历史上规模最宏大的夯土基址，所以，阿房宫是世界建筑史上无与伦比的宫殿建筑。

【名称】云气纹瓦当
【年代】秦代
【现状】中国国家博物馆藏

长乐宫、未央宫

汉高祖五年（公元前202年），刘邦灭楚后，由于秦朝宫室大多被毁，因此只能暂时居住在秦朝旧都栎阳。同年闰九月，刘邦决定先修复兴乐宫，并改名为长乐宫，然后以此为基础，兴建都城，取名为长安。汉高祖七年（公元前200年），又在长乐宫西侧兴建未央宫。公元前199年，汉高祖刘邦平定叛乱后回到长安，发现丞相萧何营造的未央宫宏伟壮丽，异常奢华。刘邦勃然大怒，责问萧何："天下混乱苦战数年，胜负未知，建造如此豪华的宫殿，未免太过分了吧？"萧何回答："天子拥有四海之地，不如此不足以体现天子的威严。"刘邦听后，转怒为喜。

长乐宫和未央宫东西并立在龙首原上，是汉长安城中的两座主要宫室，汉朝帝后主要在这里生活和进行政治活动。长乐宫前殿，东西160余米，进深约40米，西汉诸帝中仅刘邦常居长乐宫，从惠帝开始，以后历朝皇帝均常居未央宫，而将长乐宫作为太后的寝宫。未央宫的主体建筑是前殿，其规模与长乐宫前殿相当，东西166余米，进深50米，高116余米，是皇帝上朝理政的场所。

这些宫殿的瓦当是后世古董家珍视的宝贝。“秦砖汉瓦”很早就是著名的文物。砖瓦是建筑材料，不仅质地细腻坚硬、储水不渗漏，适合做砚台，而且以形式多样、古朴生动的图案和文字装饰闻名于美术史，因此十分珍贵。汉代瓦当已由半圆发展为圆形，以文字装饰为主，美术体篆字字体优美，布局协调。清乾隆帝《西清砚谱》第一卷中收有未央宫瓦制成的砚。

【名称】瓦当
【年代】汉代
【现状】中国国家博物馆藏

【名称】未央宫瓦砚
【年代】汉代
【现状】台北故宫博物院藏

大明宫

建唐初期，唐高祖李渊居住在隋朝旧有皇宫——太极宫，直到李世民发动了玄武门之变。李渊退位，成为太上皇。为了向天下昭告自己的孝心，李世民决心为父亲营建一座避暑行宫，这就是大明宫，但不久就因为李渊的去世而停建。

再次大规模营建大明宫是在唐高宗李治执政时期。自唐高宗起，先后有17位唐朝皇帝在此处理朝政，历时达234年，所以大明宫是唐代名副其实的政治中心。

唐大明宫是当时世界上面积最大的宫殿建筑群，总面积达到了3.2平方公里，约是现存北京明清故宫面积的4.5倍，相当于13个罗浮宫、500个足球场的大小，因此被誉为丝绸之路上的东方圣殿，是东方宫殿建筑艺术中的杰出代表。

唐太宗李世民画像

大明宫地处长安城北部的龙首原上，正门丹凤门东西长达200米，其长度、质量、规格为隋唐城门之最。以御道为中轴线，自南向北，分别是含元殿、宣政殿和紫宸殿。含元殿是大明宫的正殿，位于丹凤门以北约600米处，是举行重大庆典和朝会之所，俗称“外朝”。宣政殿为皇帝临朝听政之所，又称为“中朝”。殿前左右分别有中书省、门下省和弘文馆、史馆、御史台馆等官署。紫宸殿被称为“内朝”，皇帝与群臣间日常的一般议事，多在此殿，故也称天子便殿。紫宸殿以北约200米处有一太液池，又名蓬莱池，形状接近椭圆形。在池内偏东处有一土丘，5米多高，称作蓬莱山。池的沿岸建有回廊，附近还有多座亭台楼阁和殿宇厅堂。

这三大殿组成的外朝、中朝、内朝的格局多为后世的宫殿所效仿，北京紫禁城的太和、中和、保和三殿便是这种格局的体现。

含元殿是大明宫的正殿，考古研究显示，它建在高出地面10米以上的高岗上，前面用砖砌成高大的墩台，殿基高于坡下15.6米，主殿面阔11间，进深4间，有副阶，坐落于3层大台之上。设3条道路登上，称龙尾道，长78米，以阶梯和斜坡相间，表面铺设花砖，十分威严壮观。殿前方左右分峙翔鸾、

唐大明宫含元殿复原图

唐大明宫紫宸殿复原图

【名称】大明宫含光殿建筑刻石
【年代】唐代
【现状】中国国家博物馆藏

栖凤二阁，殿两侧为钟鼓二楼，殿、阁、楼之间有飞廊相连，呈凹字形，是周汉以来“阙”制的发展，且影响了历代宫阙和明紫禁城的午门。轮廓起伏，体量巨大，气势雄伟，开朗而辉煌，极富震慑力。坐在殿内可以俯瞰整座长安城，古时有人形容它的气魄“如日之生”“如在霄汉”，王维有诗云：“九天阊阖开宫殿，万国衣冠拜冕旒。”形容了它当时俯瞰四野，受万民朝拜的气势，不愧为大唐建筑的杰出代表。含元殿毁于唐代天祐元年（904年）。

考古人员在大明宫西外边的含光殿发现了一块门石，上面清楚写有“含光殿及毬场”（“毬”通“球”），说明皇帝就在含光殿打马球，这里也是一个活动的场所。

北京城与紫禁城

北京，是我们伟大祖国的首都，是世界上最大的城市之一，也是世界闻名的古都。故宫，是明清两代的皇宫，是世界上现存最大、最完整的古代建筑群。故宫在北京市中心、南北中轴线上，整个建筑群按中轴线对称布局，层次分明，主体突出，集中体现了中国古代建筑艺术的优秀传统和独特风格。

北京城的变迁

17世纪至18世纪的北京城，原本就是世界上规模最大、布局最完整、规划最科学、建筑成就最高的封建帝国首都。至今西方大学建筑系的教科书中，北京古城规划仍有浓墨重彩的一笔。

北京有3000余年的建城史。最初见于记载的名字为“蓟”。周武王封尧帝的后人于蓟。后来周公为了加强控制燕山南北和辽西一带的戎狄部落，封他的侄子、召公的儿子姬克为燕侯，以蓟为都城建立燕国。尧帝的后人改封他处。所以北京又叫燕京。

元世祖忽必烈像

隋朝以蓟城为涿郡治所。唐朝时统称幽州，为范阳节度使的驻地，安禄山和史思明叛乱在此发动。辽国时定为南京。金国灭辽以后定为中都。它的中心一直在现在广安门以南一带。

金灭北宋以后，金世宗把宋汴梁的宫殿苑囿木料、太湖石拆卸北运，按照汴梁的样子扩大中都宫殿；而且仿照宋徽宗的艮岳，在中都城外的东北角修了一座皇家离宫——大宁宫，即今天的北海公园。

1234年，蒙古人灭金，中都的宫城同宋的汴梁一样遭到剧烈破坏，只有郊外的离宫大略完好。所以元世祖忽必烈几次到金中都，都没有进城而驻跸在离宫琼华岛上的宫殿里。蒙古至元四年（1267年），在金中都东北另筑新城，至元九年（1272年）改称“大都”。元大都的皇宫是围绕北海和中海布局的，元代的北京城就是围绕这座皇宫建成的。

明永乐四年（1406年），明成祖朱棣计划迁都北京时，由于元大都在徐达攻打时被破坏了，所以朱棣在元大都基础上重建。城墙在重建时做了若干修改：北城墙向南缩进；南城墙向南扩展，由长安街线上移到现在的位置；京城南门由天安门变为正阳门。

明嘉靖朝的时候，由于蒙古人的军事威胁加大，所以朝廷要筑一圈外城。工程由太常卿严世蕃负责，这也是其父严嵩（严阁老）给他的肥缺。原拟在北面利用元旧城建筑，内外城的距离照着原来北面所缩的5里设置。那时正阳门外已非常繁荣，西边宣武门外是金中都热闹的区域，东边崇文门外受航运终点的影响，工商业也发展起来。所以工程由南面开始，先筑南城。结果南城筑完后就没钱了，钱都被严世蕃贪污了，以至于外城就截至东、西便门。

自此以后，北京城大的格局未改动，一直到了今天。

北京城的格局

北京城的规划继承了中国历代都城规划的传统，参照《周礼·考工记》中“九经九纬”“面朝后市”“左祖右社”的记载建设，规模宏伟，设施完善。

北京中轴线

北京城外正南御道，两旁各有燕墩一座，清乾隆十八年（1753年），在坛上各立石碑一座，高8米，上面镌刻有乾隆皇帝御笔《皇都篇》和《帝都篇》。（燕墩东侧的那座御碑今被迁移到了首都博物馆。）

往北就是高大的城墙和巍峨的城门——京城外城的南门永定门。过护城河，进入永定门，是一条笔直的大道，沿御道中轴线往北，大道两侧布置了天

正阳门

坛和先农坛两组建筑群。再往北，过龙须沟上的天桥，就远远望见了京城内城墙和京城的正门——正阳门。

正阳门高九丈九，象征皇帝为九五之尊。进入正阳门，前面是一个红墙围起来的宏大院落，里面就是朝廷各个部门所在地。正门为大清门（明朝称大明门，今毛主席纪念堂）。大清门内为一条狭长的通道——千步廊。两旁排列着五府六部等衙门：东为宗人府、吏部、户部、礼部、兵部、工部、鸿胪寺、钦天监、太医院、翰林院等；西为刑部、太常寺、通政司等 。与北部皇城呈“众星捧月”之势。大清门由护军严加守卫，稽查出入，内门除值日人员外，不许容留闲杂人员。大臣、侍卫等皆于大清门朝夕齐集。禁门内外不许背坐，不许于御道上坐。凡亲王等级以下者出入不得行御道。大清门前不许过出殡队伍，空棺材也禁止通过，所以有丧事的人家要想横跨北京内城东西部，必须绕行内城北侧；出城则要走宣武门或崇文门，正阳门禁止出丧。

穿过千步廊，豁然开朗，面前是一座红墙围起的城——皇城。庄严宏伟的天安门就是皇城的正门。天安门由城台和城楼两部分组成，造型威严庄重，气势宏大，是中国古代城门中最杰出的代表作，也是中华人民共和国的象征。天安门总高34.7米，最下面是汉白玉石的须弥座，座上为高10多米的红色墩台，以每块重达43千克的大砖砌成。墩台上的城楼大殿东西宽9间、南北深5间，用“九、五”之数，是取帝王为九五之尊，至高无上的含意。天安门城楼的设计者是明苏州吴县人蒯祥。城门五阙，重楼九楹，天安门已经成为现代中国的象征，并被设计入国徽。

天安门前为5座汉白玉的金水桥和1对巍峨壮丽的汉白玉华表。正中的一座桥最为宽阔宏大，长23.15米，宽8.55米，为皇帝一人专用，称为“御路桥”；御路桥左右的桥宽5.78米，叫“王公桥”，是宗室亲王们通行用的；王公桥外侧的桥较窄，宽4.55米，叫“品级桥”，是三品以上的文武官员们走的；在太庙（今劳动人民文化宫）和社稷坛（今中山公园）门前的两座桥比品级桥还窄，叫“公生桥”，是供四品以下官员、兵弁、夫役来往使用的。天

天安门

安门内左为太庙、右为社稷坛。进入天安门，还有一座同样的城门——端门，门间长庑夹道。进入端门，面前总长1公里余，肃穆压抑，北抵皇帝居住的宫城——紫禁城。正门——午门双阙夹门，气势更为压抑，无比威严。

进入午门，内为横长的太和门前广场，行人在经过重重门洞和漫长甬道后，至此心情稍舒。再北行入太和门，看到更为巨大的纵长形广庭，宏伟开阔，一座气势无比庄严雄伟的巨大殿宇巍然端坐在北端高台上，这里就是天下的中心、皇帝举行朝会大典的地方——俗称“金銮殿”的太和殿。

六座大殿（太和殿、中和殿、保和殿前三殿和乾清宫、交泰殿、坤宁宫后三殿）占据中轴线上最重要的位置。在紫禁城正北，矗立着近50米高的景山，景山中峰上的亭子在南北中轴线的中心点上，是全城的制高点。明朝末年，崇祯皇帝就吊死在景山的一棵树上。在景山北，经过皇城的北门——地安门，抵达中轴线的终点——鼓楼和钟楼。晨钟暮鼓，悠扬肃穆的声音回荡在整

钟鼓楼

个京城里。

北京城的这条穿城轴线南端自永定门起，北端至鼓楼、钟楼止，长达8公里，成为全世界最长，也是最伟大的城市南北中轴线。宫殿及其他重要建筑都沿着这条中轴线布置，北京独有的壮美秩序就由这条中轴线的建立而产生。城市规划以宫城为中心左右对称，整个建筑布局在中轴线上，以故宫为核心，重点突出，主次分明，整齐严谨，端庄宏伟。有这种气魄的建筑总布局，以这种方式来处理空间的城市，世界上没有第二个！

京城街道

北京城大略地说为凸字形。南半部是外城，北半部是内城。外城有7座城门，分别是左安门、右安门、广渠门、广安门、永定门和东、西便门。内城为正方形，共9门，南面3座门，即宣武门、正阳门、崇文门；东、北、西各2座门（朝阳门、东直门、安定门、德胜门、西直门、阜成门）。所以保卫京师的最高军事统帅称为九门提督。这些城门都有巍峨的箭楼、城楼和瓮城。朝阳门外修建了日坛，阜成门外修建了月坛，安定门外修建了地坛。内城墙高大坚固，东南和西南两个城角建有威严的角楼，城外围以宽阔的护城河（今城墙与护城河已改为二环路）。

北京城平面布局规整，街道走向大都为正南北、正东西，形成方格式（棋盘式）道路网，斜街较少。城内主要干道是宫城前至永定门的大街和宫城通往内城各城门的大街，多以城门命名，如崇文门大街、长安街、宣武门大街、阜成门街、安定门大街、德胜门街等。外城有崇文门外大街、宣武门外大街以及连接这两条大街的横街。由于皇城居中，所以内城分成东西两部分，东

西向交通受到一些阻隔，方格式路网中出现不少丁字街。

北京城的商业区也很多。内城基本按照《周礼·考工记》的规定：“面朝后市。”钟鼓楼、积水潭地区在元代受大运河终点码头的影响，成为大都城内最热闹的地方。另外，在中轴线的东西两侧为东单牌楼、西单牌楼和东四牌楼、西四牌楼，这是4个热闹商市的中心。外城更加繁荣，是北京城平民百姓购买货物的主要场所，正阳门外的字号最为集中。西边宣武门外是金中都东门内外的热闹区域，东边崇文门外明代受航运终点的影响，工商业也发展起来。此外，城内还有些地区形成集中交易或定期交易的市，例如，东华门外的灯市在上元节前后开市10天。还有庙会形式的集市，清代定期的集市有五大庙会，外城有花市集、土地庙会，内城有白塔寺、护国寺、隆福寺庙会。此外，还有固定的商业街，如西大市街。清代漕米运输主要靠大运河，由城东通往通州的运河码头较便捷，因而粮库（南新仓、海运仓、禄米仓等）大多在东城。

东便门角楼

京城水系

北京城建有完善的河流水系，既可以解决宫廷和城内居民的生活用水以及园林绿化用水问题，又可以排泄废水，还是交通运输的重要方式。

北京水系为元代大科学家郭守敬设计建造。

首先，郭守敬利用天然水系，根据北京附近的地势西北高的特点，把昌平县（今昌平区）北的白浮村神仙泉的水和玉泉山泉水导入瓮山泊（今颐和园昆明湖），再修一条玉河引进城里，至德胜门水关后，其中一支流入积水潭、太液池（北海、中南海），增加了济漕和园林的水源。另一支流入护城河。护城河沟通城内主要沟渠：大明濠、东沟、西沟以及东长安街御河桥下沟等。这些沟渠都顺地势，自北向南流去。外城有龙须沟、虎坊桥明沟和正阳门东南三里河等沟渠，都起着排泄前三门护城壕余涨的作用。

其次，郭守敬自文明门（今崇文门）外向东至通州开挖一条新运河，和大运河相连，以解决从南方至北京的水路运粮问题。在今天的朝阳区杨闸村向东南折，至通州高丽庄（今张家湾村）入潞河（今北运河故道），全长82公里。在这段运河中设置一些堤坝和可以升降的闸门来调节水量，使大船通行，这是郭守敬在水利工程上的创造性设计，全部工程自至元二十九年（1292年）开工，到至元三十年（1293年）一年完工，元世祖将此河命名为“通惠河”。

通惠河通行后，对发展南北交通和漕运事业起到了很大的作用，行船漕运可以到达积水潭（包括现今的什刹海一带）。因南方的粮食和各种货物源源不断地运到大都城，积水潭的东北岸就成了大运河的终点码头，所以积水潭十分繁华，特别是东北岸的烟袋斜街一带，岸上是旅馆、酒楼、饭馆、茶肆等，各种商店林立，成为大都城内最热闹的地方。积水潭又是大都城里最美丽的风景区，宛如江南。

紫禁城

紫禁城是当今世界上现存规模最大、建筑最雄伟、保存最完整的古代宫殿和古建筑群。

紫禁城是明清两代的皇宫。古人认为紫微星位于中天，是天帝所居，皇帝是天子，天人对应，所以皇宫称为紫禁城。自明永乐四年（1406年）始，至永乐十八年（1420年），紫禁城基本建成，迄今近600年，历经24个皇帝。

1924年，清朝末代皇帝溥仪被冯玉祥的军队赶出紫禁城，次年这里改为故宫博物院，向全民开放。

紫禁城规模宏大，南北长961米，东西宽753米，占地约72万平方米，有房屋890座8707间，城四面是高10米的城墙和宽52米的护城河。紫禁城四方各设有城门一座，分别是午门、神武门、东华门、西华门。城上四隅各建有奇巧瑰丽的角楼一座。整个紫禁城的宫殿建筑都是红墙黄瓦，画栋雕梁，金碧辉

紫禁城角楼

煌；殿宇楼台，高低错落，壮观雄伟，仿若人间仙境。

紫禁城建筑按南北中轴线布局，分作皇帝处理政务的外朝和皇帝起居的内廷两大部分。紫禁城中的乾清门就是外朝和内廷之间的分界线。

外朝以“三大殿”——太和殿、中和殿、保和殿为主，前有太和门，两侧有文华殿和武英殿两组宫殿。内廷以“后三宫”——乾清宫、交泰殿、坤宁宫为主，它的两侧是供嫔妃居住的东六宫和西六宫，也就是人们常说的“三宫六院”。紫禁城的这种总体布局，体现了传统的“前朝后寝”的封建礼制。而整个紫禁城的设计思想更是突出地体现了封建帝王的权力和森严的封建等级制度。例如，主要建筑除严格对称地布置在中轴线上外，特别强调其中的“三大殿”。为此，在总体布局上，“三大殿”占据了紫禁城中最主要的空间。太和殿前面的广场面积达2.5万平方米，有力地衬托出太和殿是整个宫城的主脑。太和殿面阔11间，殿内面积2370多平方米，重檐庑殿顶，是全国现存最大的古建筑。再加上太和殿位于高8米、分作3层的汉白玉石殿基上，每层都有汉白玉石刻的栏杆围绕，并有3层石雕“御路”，使它显得更加威严，远望犹如神话中的琼宫仙阙，气象非凡。

东西两面有通文华、武英二殿和东华门、西华门的协和、熙和二门。东六宫之南有弘孝、神霄二殿，西六宫之南有养心殿，遥相对应。文华殿后建贮《四库全书》的文渊阁，在仁智殿处建内务府等。后在内廷东路改弘孝、神霄二殿为斋宫、毓庆宫，西路改乾西头所、二所为漱芳斋、重华宫，拆乾西四、五所建造建福宫和花园，建雨花阁和内右门前军机处值房。改奉先殿为皇帝家庙，在东华门内建南三所等。清末，慈禧太后又把西路长春、储秀二宫连成四进庭院。

至于内廷及其他部分，由于它们从属于外朝，故布局比较紧凑。乾清、

坤宁二宫象征天地，以乾清宫东西庑日精门、月华门象征日月，以东西六宫象征十二辰，以乾东、西五所象征天干等。

内廷后三宫以北是占地1.2万平方米的御花园。园内亭榭对称布局，正中为供真武大帝的钦安殿。在1.2万平方米的空间里，密布了20多座殿、亭、阁等建筑物，配以山石花树，秀雅多姿，一步一景，布局紧凑，富丽而气派。

乾清门东侧景运门外有奉先殿，前后二殿均9间，是宫内的家庙。其东是

乾隆三十六年（1771年）建造的供乾隆退位做太上皇时住的宁寿宫。宁寿宫四面高墙环绕，自为一区。宫中分前后两部分，中隔横街，如外朝、内廷的区分。前部为宁寿门、皇极殿、宁寿宫一组，全仿乾清门、乾清宫和坤宁宫的形制，仅占地稍小。后部分三路，中路是养性门、养性殿、乐寿堂一组，前后五重。养性殿全仿养心殿形制；乐寿堂外观一层，内部两层，装修豪华，唯布局稍局促。西路俗称乾隆花园，略具江南风格。乾隆曾六下江南，被江南园林吸

俯瞰紫禁城

引，所以宁寿宫花园将大量江南胜景作为仿效对象，打造了这样一座“集锦式”的花园，景物繁密，曲折幽深，宁静淡雅。

乾清门西侧隆宗门外是皇太后住地——慈宁宫及花园。慈宁宫花园不仅仅是游憩的地方，还兼具宗教的功能，是太后、太妃们的礼佛之地，因此不同于御花园、乾隆花园。慈宁宫花园布局疏朗，北部以咸若馆为中心，集中分布佛堂与佛楼，南部的花园区则屋宇散布，气氛肃穆清冷。相对于其他华丽奢侈的宫殿，自有几分神秘、庄严的氛围；因少有外人纷扰，又显得格外清幽典雅，独有一种宁静和谐。

紫禁城代表了我国古代建筑艺术的独特风格和杰出成就，是世界上优秀的建筑群之一。1987年，联合国教科文组织将它列入第一批世界文化遗产。

木结构的魅力

木构架，即以木柱、木梁等构成的房屋框架。这种巧妙的结构组成的复杂形体，加上线条柔美、形如羽翼的各式屋顶，能够组成丰富多彩的艺术形象。此外，木构架还有取材方便、加工与拆建简易等优点，是我国古代建筑最重要的特征。

木结构的优缺点

人们常常感叹中国没有像古埃及、古希腊和古罗马那样壮丽的石结构大建筑。中国古代建筑，汉代以前的几乎荡然无存，唐宋时期的偶有保存，保存至今的古建筑绝大部分是明清时期的。这是由于中国古代建筑的主要材料是木头。木材与石材相比，有易燃易腐的缺点。

但是木结构建筑也有它独特的优点。古埃及、古希腊和古罗马那些壮丽的石结构大建筑是用广大奴隶的巨大痛苦换来的。而中国木结构建筑取材与运输方便、加工与拆建简易。中国古代黄河流域森林繁茂，人们就地取材，形成

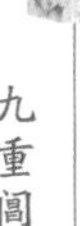

古建筑建造模型

了以木构为主、泥土烧制的砖瓦为辅的建筑体系。

木构架，即以木柱、木梁、木椽、木檩通过榫卯咬合构成的房屋框架，是中国古代建筑最重要的特征。“墙倒屋不塌”这句古老的谚语指出了这种结构的特点。以立柱和纵横梁枋等组合成各种形式的梁架，使建筑物上部荷载均经由梁架上部及立柱传递至基础。柱子并不埋入地下，只是浮搁在柱础基石上。飓风刮来、地震袭来，这样一座没有根基的建筑虽然摇摆得吱吱作响，却不会倒塌，榫卯反而咬合得更加结实。

2009年10月，中国传统木结构营造技艺被联合国教科文组织列入《人类非物质文化遗产代表作名录》。

木匠为祖师

鲁班是中国古代著名的建筑工程师，被建筑工匠尊为祖师。他姓公输名般，般亦作班、盘，春秋时期鲁国人，故称鲁班。鲁班的名字散见于先秦诸子的论述中，被誉为“鲁之巧人”。《汉书·古今人表》中把他列在孔子之后、墨子之前。《墨子》载鲁班“为楚造云梯之械”，能“削木以为鹊，成而飞之”。王充的《论衡》说他能造木人、木马。

唐代以后，民间关于鲁班的传说更加丰富，其内容大致有：主持兴建技术性较强的重大工程；热心帮助建筑工匠解决技术难题；改革和发明工具等。种种传说有的虽与史实有出入，但都歌颂了以鲁班为代表的中国劳动人民的勤劳、智慧和助人为乐的美德。《鲁班经》一书流传至今，虽不一定是鲁班写的，但是我国古代木工及建筑工程的重要经典。

古代建筑技术理论——《营造法式》

北宋时李诫编著的《营造法式》是中国现存时代最早、内容最丰富的建筑学著作。该书全面地总结了古代建筑经验，对设计规范、技术和生产管理等都有系统论述，是世界建筑史上的珍贵文献。

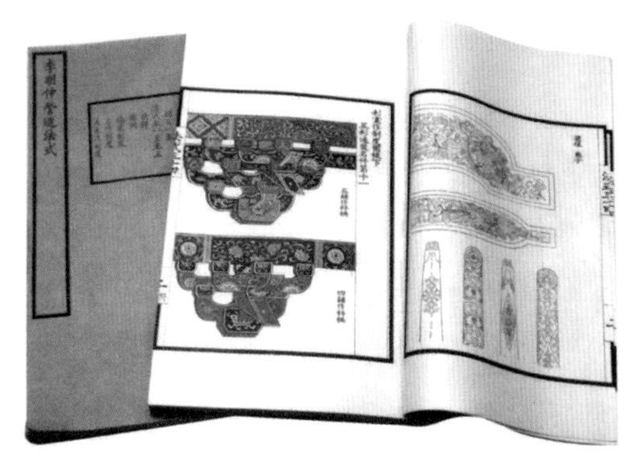

《营造法式》

李诫，字明仲，郑州管城

（今河南郑州）人，生年不详。宋代将作监隶属工部，掌管宫室、城郭、桥梁等工程的规划、设计、预算、施工、验收等。李诫在将作监任职计13年，先后主持修建了很多皇家重要建筑，如龙德宫、朱雀门、太庙、钦慈太后佛寺等。

安石柱础示意图

北宋绍圣四年（1097年），李诫奉令重新编修《营造法式》。他参阅古代文献和旧有规章制度，结合多年的实践经验，并与匠人讨论，明确各项制度原则，于元符三年（1100年）成书，崇宁二年（1103年）刊印。《营造法式》分制度、功限、料例、图样等部分，均按土作、石作、大木作、小木作、雕作、旋作、锯作、竹作、瓦作、泥作、彩画作、砖作、窑作等13个工种分别记述。其中关于建筑的设计、施工、计算工料等方面的记叙相当完善。该书流传至今，成为研究中国古代建筑的重要参考书。

梁架

中国古代建筑是先在地上筑土为台；台上安石柱础，立木柱；柱上安置梁枋。梁架就是整个木结构房屋的骨架。大梁上再叠置几层缩短的梁，各短梁的两端下置垫木或短柱，支承在下一层梁上。梁柱间通过枋连接，上面架檩，檩上安椽，做成一个骨架，如动物有骨架一样，以承托上面的重量。这里涉及了5个基本的木构组件：柱、梁、枋、檩和椽。

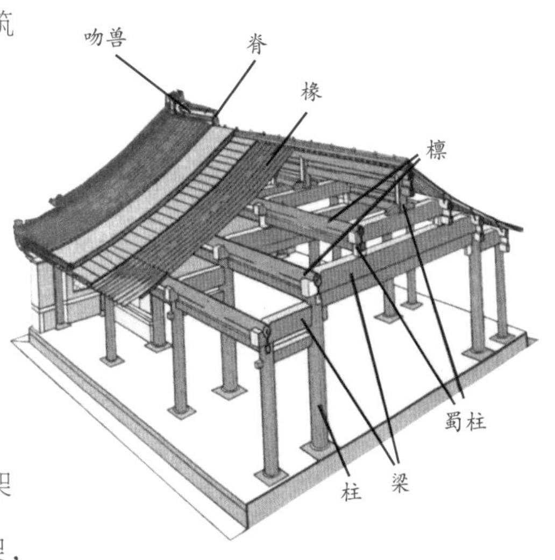

梁架结构示意图

斗拱

我国木构架坐落在一个高高的夯土或石头台阶上，盖上大大的出檐深远的瓦屋顶。出檐深远的大屋顶，保护木结构和夯土台阶不受雨淋。而大屋顶对梁柱的压力大，且出檐深远遮挡光线，于是聪明的祖先又发明了斗拱。斗是方形

斗拱

木垫块，拱是弓形的短木。拱架在斗上，向外挑出，拱端之上再安斗，这样纵横交错叠加，形成上大下小的托架，这是中国古代木结构的巧妙形式。最初是一种人字形的斗拱，即在额枋上立一个叉手，上置一斗，承托檐檩。斗拱的作用很大，如分散梁架、檩、椽对柱子的压力；最大的作用还是作为屋檐的悬挑构件，加大出檐深度，并且把屋檐挑起，形成有坡度的起翘翼角，以便于屋内采光。汉代的石阙、明器、画像石和画像砖上也有大量斗拱的形象。

唐宋时期，斗拱很大，出挑深远，因此屋顶也很高大，气魄恢宏，如现存五台山唐代佛光寺大殿等唐宋时期建筑。

自明代开始，柱头间使用大、小额枋和随梁枋，斗拱的尺寸不断缩小，间距加密。清式建筑的梁是压在斗拱最上一挑之上，直接承挑檐檩。这是因为碰到一个新问题：琉璃瓦的使用。梁架要承载沉重的琉璃瓦顶，遂发现以小木块接成的斗拱是结构上的一个薄弱环节。于是采用了梁头伸出以挑檐的做法。因此，斗拱发展到明清时期便不再起维持

【名称】五台山唐代佛光寺模型
【年代】现代
【现状】中国国家博物馆藏

构架整体性和增加出檐的作用。它的尺寸与宋式相比大为缩小，柱间斗拱由宋代的1～2组增加到6～8组。

到了清代，斗拱实际上已成为大建筑檐部的小装饰。斗拱缩小，屋檐自然不会伸得太远；但这时砖墙已经普及，无须再像夯土墙那样，依靠屋檐保护。

屋顶

建筑最直观的特点就是其屋顶的样子。线条柔美、形如羽翼的各式屋顶，组成了丰富多彩的艺术形象。周朝《诗经》中的“如鸟斯革，如翚斯飞”，就是对屋顶形象的最早描述。后来屋顶又发展变化出庑殿、歇山、悬山、硬山、攒尖等形式，每种形式又有单檐、重檐之分，进而可组合成更多的形式。

各种屋顶中等级最高的是庑殿顶，特点是前后左右共四个坡面，交出五个脊，又称五脊殿，这种屋顶只有帝王宫殿或敕建寺庙等方能使用。等级次于庑殿顶的是歇山顶，前后左右四个坡面，在左右坡面上各有一个垂直面，故而交出九个脊，又称九脊顶。这种屋顶多用在性质较为重要、体量较大的建筑上。等级再次的屋顶主要有悬山顶（只有前后两个坡面且左右两端挑出山墙之外）、硬山顶（亦是前后两个坡面，但左右两端并不挑出山墙之外）、攒尖顶（所有坡面交出的脊均攒于一点）等。

所有屋顶皆具有优美舒缓的屋面曲线，无论它是源于古人对杉树枝形还是对其他自然界物质的模仿，这种艺术性的曲线先陡急、后缓曲，形成弧面，不仅受力比直坡面均匀，而且易于屋顶合理地排送雨雪。

古代建筑物种类概述

宫殿

高大单层建筑既可称为堂，又可称为殿。殿的社会等级和规模都高于堂。《营造法式》对殿与堂的不同等第做了一系列规定，并为以后各代所沿用。从功能上看，称为殿者有帝王的宫殿，祭祀用的祭殿，供奉神、佛的神殿、佛殿；称为堂者有府衙、县衙的大堂，家族祭祖的祠堂，园林中的厅堂，大型住宅中的正房堂屋。在同一组建筑群中，往往是殿、堂并存，如一所寺院既有大雄宝殿、伽蓝殿、观音殿等称为殿的建筑，又有讲堂、客堂、禅堂等称为堂的建筑。殿是寺院的主体建筑，堂则处于辅助的地位。

殿、堂的建筑艺术处理取决于其所在建筑群的性质，如皇宫中的大殿等级最高，装修最为华丽，经常使用当时最高级的建筑材料和装饰手段，如琉璃瓦、彩画、贴金之类，气氛隆重庄严。宗教建筑中的大殿则略逊一筹，较少使用琉璃瓦，体量一般也要小一些。在衙署和寺院中的堂，与殿的艺术风格接近，只是较为简朴。祠堂、园林、住宅中的堂，建筑风格倾向轻巧，装修精致，雕刻细腻。另外，殿堂的体量也常取决于它所处的院落空间大小。

为了突出皇家之尊，宫殿建筑要尽可能地壮丽。大明宫含元殿面阔67.33米、进深29.2米，面积近2000平方米，与北京故宫太和殿相近。从含元殿到丹凤门为615米，其间的殿庭是朝会时集合百官的大广场。含元殿的台基高出地面15.6米，殿堂居高临下，“仰瞻玉座，如在霄汉”。而故宫太和殿到太和门才186米，台基的高度也只有8米。

隋代以前的木结构建筑大都付诸尘埃，虽名留青史，但已不见实物。隋唐以后的木结构建筑有一部分流传了下来，我们得以一睹芳容：山西的南禅寺大殿和佛光寺大殿就是两座最为著名的唐代木结构的寺院殿宇。到了宋、辽、金、元时期，更多的木结构建筑被完好地保存了下来，通过研究这些建筑的形制，我们发现：宋、辽时期的建筑基本承袭了唐代的建筑制度，其中辽代的建筑风格尤其接近唐代，都保持了一种典雅、古朴的艺术风格，如独乐寺的观音阁、山门等，无不散发着唐代建筑的遗风。而北宋时期的晋祠圣母殿、保国寺大殿等，却已经渐失唐代风采，而趋于秀美、精巧。后来出现的隆兴寺摩尼殿，则更加精巧秀丽。这种艺术风格，对金代的建筑起到重要的影响。

楼阁

楼阁是多层建筑。早期楼与阁有所区别，楼主要指高台上的建筑，作用是瞭望御敌。阁指屋上直接建屋。汉以后楼与阁的界限已不严格。

汉画像砖上的望楼

在我国古代，不管是佛、道、儒这些宗教门派，还是皇家贵族，都把楼阁看作神圣、尊贵和威严的象征。在修建的众多楼阁中，用于观景、赏景的很多。游赏性楼阁平面轮廓较为复杂，在正方形、长方形、多边形的基础上，每面又可向前凸出，屋顶随体形高低错落、互相穿插，出现了十字脊、丁字脊和若干个大小不同的屋顶的组合，此起彼伏，艺术效果突出。这些楼阁一

唐代懿德太子墓壁画摹本上的阙楼

般临水而建，湖光山色，波光粼粼，景色秀美。所以，这些楼阁也是文人雅士们的会聚之所，许多文学名篇也因这些楼阁而诞生，而这些楼阁也因这些文章的流传而声名远扬。

亭榭

亭子是中国传统建筑中周围开敞的小型点式建筑，供人停留、观览。

亭即停，不仅为人的停集，亦是景的停集。亭可收四方之景，其本身亦为一景，故亭的形制自由，有方形、长方形、三角形等。

亭一般设置在可供停息、观赏的形胜之地，如山冈上、城头以及园林中。还有具有专门用途的亭，如碑亭、井亭、宰牲亭、钟亭等。《营造法式》中所载“亭榭斗尖”，是类似伞架的结构。亭的平面形式除方形、矩形、圆形、多边形外，还有十字形、连环形、梅花形、扇形等。亭的屋顶有攒尖、歇山、锥形及其他形式复合体。大型的亭可筑重檐，或四面加抱厦。大型的亭可以做得雄伟壮观，如北京景山的万春亭。小型的亭可以做得轻巧雅致，如杭州三潭印月的三角亭。亭的不同形式，可以产生不同的艺术效果。

榭是中国古代建于水边的观景建筑。战国时建于高台之上的敞屋原被称为榭。榭从射，有军事建筑的意义，也有观赏的作用。秦汉时期的文献中多有“**高台榭、美宫室**”“***层台累榭***”的记载。汉以后，随着高台建筑的消失，建于高台的榭就移到了花间水际，成为园林中供人休息的游观建筑。水榭多从驳岸突出，以立柱架于水上，建筑多为单层，平面或方形、长方形，结构轻巧，四面开敞，以获得宽广的视野。临水的一面，常设坐凳栏杆或弓形靠背，称为美人靠或飞来椅，供人凭栏而坐。榭、舫均为临水之建筑，形体应与水面调和。榭可置于花畔，称为花榭。舫亦称“旱船”，为园中造型最有趣者。

上海豫园水榭

坛庙

坛庙一般是汉族文化中用以祭祀天、地、日、月、山川、民间神祇等的建筑，最著名的有天坛、地坛、日坛、月坛、文庙（如孔庙）、武庙（如关帝庙）、泰山岱庙、嵩山中岳庙、太庙（皇帝祖庙）等，还有一些祭祀土地神、农业神等的坛庙。通过对这些坛庙祭祀对象的分析，我们不难看出：这些坛庙的设置，主要是为了祈祷风调雨顺、天地和美，能够丰收无灾，这与中国汉族地区以农业为经济基础的国情是密不可分的。还有一些祭拜行业神灵的坛庙，也是和人民的生活理想密切相关的，都反映了古代劳动人民对富足、美好生活的向往。

在现存的坛庙建筑中，最为著名的要数明清时期的皇家祭坛：天坛、地坛、日坛、月坛。

古代著名建筑物

南禅寺

南禅寺位于山西省忻州市五台县西南的阳白乡李家庄附近，重修于唐德宗建中三年（782年），是我国现存建造时间最早的木结构建筑，距今已有1200多年的历史。

寺院坐北朝南，占地面积3078平方米。寺内主要建筑有山门（观音殿）、东西配殿（菩萨殿和龙王殿）和大佛殿，共同组成了一个四合院式的建筑。

南禅寺的大佛殿建筑面积较小，俯视平面略呈正方形，屋顶为单檐歇山式，顶部坡度也较平缓。大佛殿分为3开间，宽11.75米，进深也为3间，约10

山西五台山南禅寺

米。殿内没有天花板、立柱，梁架制作较为简单。

通过这座南禅寺，我们能够感受到唐代木结构建筑简约、大气的风格。

佛光寺

1937年6月的一天，著名的建筑学家梁思成和林徽因敲开了山西省五台山一座寺院的大门，一位老僧将这对夫妻迎进了这座千年古刹。大殿那层层交叠的斗拱、雄伟宏大的飞檐，以及大殿里35尊形态各异的佛像，无不使这两位建筑学家感慨万千，他们断定：这很有可能就是他们要找的、现存的唐代建筑。为了确定这座古寺的具体建造时间，梁思成和林徽因花了3天时间，开始了对这座寺院的具体勘测工作，直到林徽因在大殿的一个梁上发现了一行字迹："佛殿主上都送供女弟子宁公遇。"又经过和寺庙内石经幢上的记录相印证，最终确定了这座建筑的具体建造时间：唐大中十一年。根据推算，这应该是

857年，建造距发现之日整整1080年。这是我国当时发现的建造时间最早的木结构建筑。

虽然后来考古学家们又发现了建造时间更早的南禅寺，但当时佛光寺的发现，无疑成为中国建筑界最为轰动的事情，推翻了当时日本人嘲讽中国没有存世唐代建筑的言论。

佛光寺位于山西省五台县城东北30公里处的佛光新村，最早创建于北魏孝文帝时期（471—499年）。到了隋唐，已是五台山的名刹，但于唐武宗会昌五年（845年）灭佛时遭到了严重的破坏。直至宣宗复佛，大中十一年（857年）时，京都女弟子宁公遇和高僧愿诚主持重建，才成为我们如今所见的这座古寺。佛光寺的建筑时间比南禅寺稍晚，因此它是全国现存年代居第二位的木结构建筑。

佛光寺为单檐庑殿顶，面阔7间，34米，进深4间，17.66米。佛光寺内有两座唐代的石幢，一座立于文殊殿前，一座立于东大殿前，记载了当时建造此寺院时的相关背景。佛光寺不仅建筑雄伟，内部佛教题材的雕塑、壁画、题记也有极高的历史价值，因此连同建筑本身，被称为佛光寺“四绝”。

晋祠

晋祠，是为了纪念、供奉晋国的第一代诸侯——唐叔虞所建造的一座祠堂，位于今山西太原市西南部。唐叔虞，亦称叔虞、太叔，姬姓，名虞，是周武王姬发之子，也是周朝诸侯国晋国的始祖。传说周成王平定北方唐国叛乱后，将一片玉圭制成梧桐叶的形状赐予唐叔虞，由于在当时，古语中“桐”与“唐”同音，于是戏称让唐叔虞去做唐国的诸侯。史官听之，就请成王择日为唐叔虞封侯。但成王笑称这只是他开的一个玩笑，并不把这件事情放在心上。而史官则严肃地说：“天子无戏言，言则史书之，礼成之，乐颂之。”成王听后觉得很有道理，便实现了自己的承诺，封唐叔虞为唐国的诸侯，后来唐国改国号为晋，唐叔虞也被称为“晋王”。唐叔虞死后，人们为了纪念他兴修水利、治国有方、为民造福，于是建造了祠堂来祭祀他，这就是最早的“晋祠”。

晋祠中的建筑数目不少，其中圣母殿最为著名：它不仅是晋祠的主体殿堂，还是晋祠现存最为古老的建筑。圣母殿供奉的是唐叔虞的母亲邑姜，创建于北宋天圣年间（1023—1031年），崇宁元年（1102年）重修，是我国宋代建筑的典型。殿堂背靠悬瓮山，坐西朝东，顶部为重檐歇山顶，面阔7间，进深6间，通高19米，其中宽26.71米，深21.15米，平面近方形。大殿四周的围廊中，前廊进深2间，极为宽敞，是中国古建典籍《营造法式》中“副阶周匝”制的实例。殿前廊柱上有木雕龙8条，栩栩如生，传说为宋代遗物。

圣母殿所藏的43尊彩雕是宋代雕塑中的精品，主雕像为唐叔虞之母，凤冠蟒袍，形神端庄，坐于木质神龛中，周围的侍从身形各异，手中持有不同的奉品。殿内的其他侍女雕像也都多姿多彩，眉目传神，全身施有彩绘，制作得十分精美。这些侍女的排列顺序是按照封建社会的等级高低不同而确定的，为我们了解当时的雕塑艺术、古代礼仪制度提供了珍贵的实物资料。

岳阳楼

岳阳楼位于今湖南省境内，相传最早为三国时东吴名将鲁肃训练水师的阅军台，更因北宋著名文学家范仲淹脍炙人口的《岳阳楼记》而著称于世。岳阳楼高3层，依山傍湖而建，东临碧波万顷的洞庭湖，西靠浩浩荡荡的长江，于其上俯瞰，碧波万顷，气势恢宏。千百年来，无数文人墨客在此登览胜景，凭栏抒怀，并记之于文，咏之于诗，形之于画，使岳阳楼成为艺术创作中被反复描摹、久写不衰的一个主题。

【名称】夏永《岳阳楼图》
【年代】元代
【现状】北京故宫博物院藏

滕王阁

唐高宗永徽四年（653年），唐太宗李世民的弟弟李元婴任洪州都督时建滕王阁。初期，只是将此阁作为达官贵人们上元观灯、春日赏花、夏日纳凉、九重登高、冬日赏雪、阁中品茶、聚餐饮酒、听琴观画之场所。滕王阁修成22年之后，即唐上元二年（675年），著名青年文学家王勃应洪州牧阎伯屿之邀，登阁赴宴，并写下了脍炙人口的《秋日登洪府滕王阁饯别序》（即《滕王阁序》），其中“落霞与孤鹜齐飞，秋水共长天一色”的景色描写，赋予了滕王阁无与伦比的壮美意境。滕王阁从此名扬四海。

【名称】夏永《滕王阁图》
【年代】元代
【现状】美国波士顿美术馆藏

黄鹤楼

黄鹤楼始建于三国时期东吴夺回荆州之后（223年）。黄鹤楼位于湖北省武汉市长江南岸的武昌蛇山之上，当时作为夏口城一角，是用于看守戍城的“军事建筑”。随着三国的统一，黄鹤楼的军事功能被削弱，逐渐发展成一个供游赏、玩乐的著名观赏性楼阁。唐代诗人崔颢在此题下著名的《黄鹤楼》一诗，使它闻名遐迩。

【名称】夏永《黄鹤楼图》
【年代】元代
【现状】美国大都会博物馆藏

今天的三大名楼是复建的，古代的三大名楼已不存在，我们只能从古画中看到它们精美的样子。尽管名楼未能保存到现在，但古代精巧的楼阁仍有少数躲过了千年的战火与天灾，保存至今。

独乐寺观音阁

现存最古老的木构楼阁是建于辽统和二年（984年）的天津蓟州区独乐寺观音阁。这座观音阁连同独乐寺山门，是保存较为完好的辽代建筑，显现了当时木构样式的真迹，弥足珍贵。

观音阁通高23米，面阔5间，南北进深4间。从外面看为2层楼阁，实际中间有一层暗室，为3层。

观音阁的结构、形制基本仿唐代风格，与敦煌壁画中所见唐代建筑非常相似。其主要承重构架为柱、斗拱及梁枋。唐代的斗拱在整个建筑中十分重要，它不仅连接梁与柱两部分，是主要的承重构件，也成为中国木结构建筑的一大特征。唐宋的斗拱都以保持结构稳定为主要功用，一般体形较大，往外“飞翘”，不仅看起来雄伟壮观，而且十分坚固结实。明代以后的斗拱，渐失其功效，主要作为装饰部件，不仅体积小了很多，而且上面有大量的彩绘。独乐寺的观音阁则承袭唐代建制，檐出如翼，斗拱雄大，十分壮观。

飞云楼

飞云楼位于山西省万荣县东岳庙内，为纯木结构，被誉为“中华第一木楼”。飞云楼为宋代风格建筑，全楼斗拱密布，玲珑精巧，与山西应县木塔并称为“南楼北塔”。飞云楼外观3层，内部实为5层，总高约23米。楼身每层为曲尺形结构重檐依次而上，顶部结成十字歇山式。下层平面正方；中层平面变为折角十字，外绕一圈廊道，屋顶轮廓多变；上层平面又恢复为方形，但屋顶形象与中层相似；最上再覆以一个十字脊屋顶。各层屋顶构成了飞云楼丰富的立面图。飞云楼体量不大，但有4层屋檐、12个三角形屋顶侧面、32个屋角。

紫禁城角楼

除了观赏性的楼阁以外，还有一类用于守城放哨的楼阁——角楼，这也是楼阁最初的用途。中国国家博物馆收藏有汉代的明器——带角楼的陶塑院落。

北京紫禁城角楼是一座四面凸字形平面组合的多角建筑。角楼屋顶有3层，上层是纵横搭交的歇山顶，由两坡流水的悬山顶与四面坡的庑殿顶组合而成。中层采用勾连搭的做法，用四面抱厦的歇山顶环拱中心的屋顶，犹如众星

【名称】陶塑院落
【年代】汉代
【现状】中国国家博物馆藏

捧月。下层檐为一环半坡顶的腰檐，使上两层的5个屋顶形成一个复合式的整体。紫禁城角楼集精巧的建筑结构和精湛的建筑艺术于一身，充分显示了古代人民的聪明才智和艺术创造力。相传明成祖朱棣曾梦见一座9梁、18柱、72脊的角楼，并下令于9天之内照样设计，否则工匠们便要被杀头。工匠们均想不到如何设计。就在这时，有一位老人手提一个设计精巧的蝈蝈笼走过，该笼恰巧9梁、18柱、72脊，工匠们灵机一动，按蝈蝈笼设计了这座角楼，工匠们认为老人就是鲁班师傅下凡指点。

天坛

天坛位于故宫的东南方向，始建于明永乐十八年（1420年），占地273万平方米，是皇帝祭天的场所。古代的各朝皇帝都称自己“受命于天”，自称为“天子”，因此“天”在中国的传统文化中，与皇权有着密不可分的关系。因此天坛作为供皇帝表现自己“敬天”“法祖”的场所，对稳固皇权有着重要的意义。

明清两代，每年冬至，皇帝都要带领文武百官来天坛举行“祭天大典”，祈求国泰民安、风调雨顺、农业丰收。因此，天坛的设计要让皇帝在祭天时能感到“神灵同在”，使观礼的皇亲、使臣也能感受到皇帝的“至诚格天”，维护皇帝的统治。

天坛祈年殿

天坛有两层垣墙，形成了内、外两个部分。其中，主要的建筑有祈年殿、皇穹宇、圜丘。由于天坛始建时要合祀天地，所以平面建造成南方北圆的形式，用以象征古代天圆地方之说。天坛的南北轴线北端原为合祀天地的大祀殿，后又在其南续建祭天的圜丘，改北部大祀殿为祈丰年的祈谷坛，并在其上建造了祈年殿，都呈圆形，用以象征天。另外，天坛的建筑顶部都是蓝色，因为蓝色在五行中代表“天”，有着特殊的意义。

皇帝祭祀的具体时间，为冬至日日出前七刻，即大约为日出前1小时45分

钟。在群臣的俯首簇拥下，皇帝在黎明的微光中就要举行祭拜仪式了。南部祭天的圜丘为白石砌的三层大型圆台，外有一重圆墙，一重方墙，都四向开门。方墙之外植有葱郁的柏树，起到隔离外界的作用。墨绿色的柏树林和四周洁白无瑕的墙壁，给人感觉十分庄重肃穆；穹幕一般的深蓝色天空仿佛下沉笼罩着人们，使人有种上升的感觉，仿佛天人合一；圜丘外部的方、圆形墙会有很强的回音，仿佛天籁之音。在这样的环境和情景中举行祭祀仪式，令人感觉无比神圣。

中国的塔

塔起源于印度佛教，随着佛教一起传到中国，和古代建筑结合起来，融合了中国南北各地的楼、阁、亭的特色，发展成了千姿百态的中国古塔，成为最具东方特色的中国古代建筑艺术的重要组成部分。今天，在辽阔的祖国大地上，许多古塔仍以其丰富多彩的造型点缀着祖国壮丽的河山。

“浮屠”与中国佛塔

我们常说“救人一命胜造七级浮屠”。“浮屠”是古代印度梵语的译音，意思是佛塔，七层的塔称作七级浮屠。

佛教和佛舍利传到中国后，信徒们纷纷建塔供奉。佛寺、佛塔最早建于东汉末年，南北朝时期数量最多。唐朝大诗人杜牧有一首著名的《江南春》诗：**“千里莺啼绿映红，水村山郭酒旗风。南朝四百八十寺，多少楼台烟雨中。”**的确如此，史书上记载南朝：南朝梁武帝时，首都建康（今南京）就有500座寺院。北朝统治区域内共有佛寺3万多座，仅北魏首都洛阳就有1367

座佛院。

有寺就有塔，有塔便有寺，所以，中国的古塔也是相当多。现在全国各地保存下来的古塔在3000座以上，其中800年以上历史的古塔有100多座，仅被列为第一批至第五批全国重点文物保护单位的古塔就有80座。所以，寺庙和古塔是中国古代建筑艺术的重要组成部分。而现在，全国各地遗存的许多寺院、古塔，又往往是国内游览胜地的重要风景点。

别致的中国佛塔

中国佛塔既保留了印度佛塔的主要形式，又与传统木构楼阁结合起来，形成了独特的建筑形式。中国佛塔有密檐式塔、楼阁式塔、喇嘛塔、金刚宝座塔等多种形态结构，是最具东方特色的建筑艺术形式。

密檐式塔

密檐式塔为中国佛塔的主要类型之一，多是实心的砖石结构。完全用砖仿照中国木结构楼阁建造，塔的外表做出每一层的出檐，第一层很高大，第一层以上每层的高度却特别小，各层的塔檐紧密重叠。著名的密檐式塔有河南登封的嵩岳寺塔、北京的天宁寺塔等。

嵩岳寺塔

河南登封嵩岳寺塔，是我国最早的佛塔。嵩岳寺塔是南北朝时期遗留的唯一建筑，坐落在今河南嵩山，建于北魏正光元年（520年）。塔高39.5米，塔身外形呈独特的十二边形，由灰黄色的砖垒砌而成。塔基座部分占塔总高的1/3，而其余2/3则做成15层密檐，顶部为石造的塔刹。各层重檐均向内按一定的曲率收缩，轮廓线非常柔和丰圆。

河南登封嵩岳寺塔

天宁寺塔

天宁寺塔位于北京广安门外，建于辽代大康九年（1083年），是北京城区现存最古老的地上建筑。天宁寺塔高57.8米，为八角十三层密檐式实心砖塔。基座呈八角形，分为上下两层。下层基座各面以短柱隔成6个壶门形龛，内雕狮头。上层略内收，每面为5个壶门形龛，内浮雕坐佛，上下层转角处均浮雕金刚力士像。仰莲座共3层，上承塔身，塔身四面设有半圆形券门，门两边雕有金刚力士、菩萨、云龙等，雕像造型生动、栩栩如生。十三层塔檐逐层收缩，呈现出丰富有力的卷杀。整座塔造型俊美挺拔、雄伟壮丽，体现了辽代建筑艺术的高超水平。

北京天宁寺塔

楼阁式塔

楼阁式塔是中国古塔中出现时

间最早、数量最多、分布最广的一种，是中国塔的发展主流。在佛教传入以前，楼阁在中国已经很普遍，佛教传入后，为了适应中国的传统习惯，利用人们对多层楼阁通天的寄托，以楼阁形式作为礼佛的纪念性建筑物，便产生楼阁式塔。楼阁式塔可供奉佛像，并可供僧人等登临。

大雁塔

唐代的著名建筑大雁塔，在陕西省西安市南4公里慈恩寺内。慈恩寺建于唐贞观二十二年（648年），是太子李治为追念母亲文德皇后建立的佛教寺院。

唐贞观三年（629年），唐朝僧人玄奘从长安出发，走官道经凉州（今甘肃武威）至河西走廊的西端瓜州后继续西行，出玉门关，穿越沙漠，翻过号称“世界屋脊”的帕米尔高原及积雪万年不化的兴都库什山，经今阿富汗、巴基斯坦、尼泊尔，历经3年，历尽千辛万苦，终于来到了万里西行的目的地，印度最大的寺院和最高学府——那烂陀寺。在印度，玄奘遍历名寺、遍访名僧、参谒佛迹，求学取经。唐贞观十六年（642年），他离开那烂陀寺回国，终于于贞观十九年（645年）回到了阔别17年之久的长安。

玄奘从印度带回佛经657部，翻译出75部，1335卷。更重要的是，他把在旅途中的见闻写成《大唐西域记》，书中记载了当时西亚、南亚许多国家的山川、物产、风俗、宗教、政治、经济情况，是研究这些地区历史地理的重要文献。在慈恩寺，玄奘组织了专门的译经机构，此后，他用20年时间从事这批佛经的翻译工作。正是为存放这些佛教经典，玄奘向朝廷建议在寺内兴建大雁塔。唐永徽三年（652年），高宗李治批准，由玄奘亲自设计并指导施工，建塔于慈恩寺西院。建成后的方塔有5层，砖表土心，高180尺，塔基四面各宽

140尺。大雁塔为仿木结构的楼阁式砖塔，四方锥形，造型雄伟端庄，直插霄汉，充分显示了大唐帝国的豪迈风姿。

塔下南壁左右券洞内立有唐代石碑两通：一为唐太宗撰《大唐三藏圣教序》，是唐太宗在贞观二十二年（648年）为玄奘所译诸经作的总序；一为高宗李治撰《大唐三藏圣教序记》，是唐高宗为“圣教序”所作的序记。均由著名书法家褚遂良书写后镌成，是现存著名唐代碑版。

在序中，李世民对玄奘取经及翻译的经书给予了高度评价：“有玄奘法师者，法门之领袖也。幼怀贞敏，早悟三空之心；长契神情，先苞四忍之行；松风水月，未足比其清华；仙露明珠，讵能方其朗润。……乘危远迈，杖策孤征；积雪晨飞，途间失地；惊砂夕起，空外迷天。万里山川，拨烟霞而进影；百种寒暑，蹑霜露而前踪。诚重劳轻，求深愿达。周游西宇，十有七年。……引慈云于西极，注法雨于东垂。圣教缺而复全，苍生罪而还福。湿火宅之乾

《玄奘回长安图》

焰，共拔迷途；朗爱水之昏波，同臻彼岸。”

应县木塔

山西应县佛宫寺释迦塔建于辽代清宁二年（1056年），俗称应县木塔。塔内供奉着两颗释迦牟尼佛牙舍利。从地面到刹顶总高达67.31米，是中国现存最古老、最大和最高的木塔，也是世界上现存最高的古代木结构建筑。

木塔除经受四季风霜雨雪侵蚀外，还遭受了多次强地震袭击，建筑结构的奥妙、周边环境的特殊性，加上人为保护的因素，木塔千年不倒。木塔平面呈八边形，纯木结构、无钉无铆。全塔耗红松木料3000立方米、2600多吨。木塔卯榫结合，刚柔相济，这种设计具有耗能减震作用，其技术水平甚至超过现代建筑。

山西应县木塔

飞虹塔

飞虹塔位于山西洪洞县东北部霍

山的广胜寺，为明正德十年（1515年）始建，嘉靖六年（1527年）完工，历时12年建成。塔平面呈八边形，是有13层檐的楼阁式佛塔，高47米。除底层为木回廊外，其他层均用青砖砌成。由于其塔身五彩斑斓、如雨后彩虹，故名“飞虹塔”。塔各层皆有琉璃出檐，用七色琉璃装饰，琉璃仿木构斗拱与莲瓣隔层相间，第三至第十层各面均砌筑有佛龛、门洞和枋心，内置佛、菩萨、童子像，门洞两侧镶嵌有琉璃蟠龙、宝珠等饰物。塔身第二层设平坐一周，有琉璃勾栏、望柱，平坐之上有佛、菩萨、天王、弟子、金刚等像。第三层东、西、南、北四面有拱门，各面正中有琉璃烧造的四大天王像，正南天王像两侧有明王驾龙琉璃像，正北则以凤凰居中，二金刚披甲跨兽侍立两旁。第二层以上塔身外表全部镶嵌有琉璃仿木构件，各层檐下俱施琉璃花罩和垂莲柱，以及屋宇、楼阁、亭台、角柱、佛龛、花卉、人物、翔凤、狮 、象等琉璃构件，一层一组图案，形式多样。飞虹塔是中国现存最完整的大型琉璃古塔，堪称中国最美丽的佛塔。

山西洪洞县飞虹塔

喇嘛塔

这种塔的形式也来源于印度，随西藏喇嘛教传入内地。塔身形如倒扣的钵，因此又名覆钵式塔。中国现存最大的喇嘛塔是建于元代的北京妙应寺（白塔寺）白塔。除此以外，还有北海公园的永安寺白塔等。

北京北海永安寺白塔

妙应寺白塔

北京妙应寺白塔是我国现存年代最早，也是规模最大的喇嘛塔。元代至元八年（1271年），忽必烈敕令在辽塔遗址的基础上重新建造一座喇嘛塔。于是在当时入仕元朝的尼泊尔匠师阿尼哥的主持下，经过8年的设计和施工，到至元十六年（1279年），终于建成了白塔，并随即迎请佛舍利入藏塔中。

金刚宝座塔

金刚宝座塔是佛教密宗的一种佛塔建筑形式，起源于印度。由方形的塔座（金刚宝座）加上部的五座塔构成。金刚宝座代表密宗金刚部的神坛。五座塔代表金刚界五佛，中间的为大日如来佛，东面为阿閦（chù）佛，南面为宝生佛，西面为阿弥陀佛，北面为不空成就佛。

中国现存的金刚宝座塔有：北京真觉寺（五塔寺）的金刚宝座塔、北京香山碧云寺的金刚宝座塔等。

真觉寺塔

真觉寺金刚宝座塔，位于北京市白石桥东侧。真觉寺创建于明朝永乐年间（1403—1424年），民间则称为五塔寺，其主要建筑金刚宝座塔建成于明朝成化九年（1473年），是我国现存金刚宝座塔中建造年代最早的一座。

金刚宝座塔高台上的五座小塔，供奉五方佛。塔身的装饰内容则以五方佛各自的坐骑为主题，诸如大日如来佛骑的狮子，阿閦佛骑的象，宝生佛骑的马，阿弥陀佛骑的孔雀，不空成就佛骑的大鹏金翅鸟，这些动物形象遍布塔座和小塔。

北京真觉寺金刚宝座塔

消失的名塔

永宁寺塔

北魏永宁寺佛塔，建于北魏熙平元年（516年），在北魏国都洛阳城内，现已不存。经考古发掘，遗址在今洛阳市白马寺东，地基完整宏大，出土了许多佛像及供养人塑像。

据杨衒之《洛阳伽蓝记》追述，永宁寺塔为木结构，高9层，100里外都可看见。据其他记载，塔高136米左右，加上塔刹通高约为147米，是古代伟大的佛塔。永宁寺塔平面正方形，每面各层都有三门六窗。塔的装饰十分华丽，柱子围以锦绣，门窗涂红漆，门扉上有5行金钉，并有金环铺首；塔刹上有相轮30重，周围垂金铃，再上为金宝瓶；宝瓶下有铁索4道，引向塔之四角，索上也悬挂金铃。晚上和风吹动，10余里外都可听见。

供养人塑像

大报恩寺琉璃塔

大报恩寺及琉璃塔的前身是东吴赤乌年间（238—250年）建造的建初寺及阿育王塔。晋太康年间（280—289年）复建，名长干寺；南朝陈为报恩寺；宋改天禧寺，建圣感塔；元改慈恩旌忠寺；明永乐六年（1408年）毁于火。永乐十年（1412年），明成祖朱棣命工部于此重建大报恩寺及九层琉璃宝塔，按照宫阙规制，征集天下夫役工匠10万余人，费用计250万两，宣德三年（1428年）竣工。大报恩寺琉璃塔，9层8面，塔身高达78.2米，甚至长江上也可望见。塔身白瓷贴面，琉璃拱门。底层建有回廊（即宋代的“副阶周匝”）。塔室为方形，塔檐、斗拱、平坐、栏杆饰有狮子、白象、飞羊等佛教题材的五色琉璃砖。由于各层收分，所以使用的砖瓦尺寸不一。刹顶镶嵌金银珠宝。角梁下悬挂风铃152个，日夜作响，声闻数里。自建成之日起就点燃长明塔灯140盏，每天耗油64斤，金碧辉煌，昼夜通明。塔内壁布满佛龛。该塔是金陵四十八景之一。明清时期，一些欧洲商人、游客和传教士来到南京，称之为“南京瓷塔”，将它与罗马斗兽场、亚历

琉璃砖

山大地下陵墓、比萨斜塔相媲美，为中古世界七大奇观之一，也是中国的象征之一。清咸丰六年（1856年），在大报恩寺位置，太平天国发生内乱，北王韦昌辉由于担心石达开部队占据制高点向城内发炮，下令炸毁，大报恩寺仅存一青铜色塔刹（1930年后失踪）和8米高的石碑。相传建造该塔时，曾一式烧制三份琉璃构件，一份用来建塔，两份埋入地下用于替换。1958年，在眼香庙、芙蓉山、窑岗村一带出土的大批琉璃构件上多带有墨书的字号标记。琉璃构件现分藏于中国国家博物馆、南京博物院和南京市博物馆。

中国古桥

桥是为跨越各种障碍（如江河、湖泊、海峡、沟谷、其他交通线路或建筑物等）而修建的一种人工建筑物。中国是桥的故乡，自古就有“桥的国度”之称。我国在桥梁建筑方面有悠久的历史和卓越的成就，这些古桥充分显示了中国古代劳动人民的非凡智慧与才能，承载着无数人的美好回忆。

概述

中国古代的桥梁形式多样，在建筑上极富特色。今天仍有很多著名古代桥梁屹立于祖国的名川大河上，其中最有名的是颐和园玉带桥、赵州桥、卢沟桥。

玉带桥

遥望颐和园玉带桥，洁白的桥身凌空隆起，既高且薄，恰似玉带飘扬，给人一种动态的美感。半圆的桥洞与水中的倒影形成虚实结合的整圆，又宛若一轮明月。

颐和园玉带桥

赵州桥

安济桥位于河北省赵县城南2.5公里处，赵县古称赵州，故安济桥又名赵州桥。赵州桥位于洨河之上，全长64.4米，桥宽约10米，中间行车马，两旁走人，全部用石头建成，约重2800吨。这么长的石拱桥，下面却没有一个桥墩支撑它。桥基位于河的两岸，整个桥身像是一道横跨在河道上的长虹。建造这样的桥身建筑是比较困难的，但是又必须如此。原来古时候的洨河，水流很大，如果桥孔太小，水流不畅，不仅容易造成洪水泛滥，洪流还容易冲毁桥梁。大的单孔桥就解决了这些问题。不仅如此，大石拱两端的肩头上，还各加了两个小拱，这不仅让桥身更加匀称、轻巧、美观，并且高涨的河水可从四个小拱通过，减少河水对桥身的冲击。

河北省的名胜古迹历来有“沧州狮子，景州塔，正定菩萨，赵州桥”的说法。循着这句民谣，1933年，著名建筑学家梁思成开始在河北省考察古建筑。在河北赵县，他见到了赵州桥。后来，他在《中国营造学社汇刊》上发表文章介绍说，这座久被遗忘的赵州桥是世界上现存最早的敞肩石拱桥。从此，赵州桥在建筑学界备受关注。如果说让赵州桥“重见天日”的是梁思成，那么使这座桥家喻户晓的则是茅以升。茅以升是著名现代桥梁工程专家，他非常重视对民众进行科普教育，写过许多深入浅出的文章。《中国石拱桥》一文是茅以升20世纪60年代所作，后被选入初中语文课本，长期使用。一代一代的孩子们，正是在对这篇优美散文一遍一遍的诵读中，知道了赵州桥，知道了它骄人的技术成就和艺术之美，并牢牢地记在心中。

河北赵县赵州桥

赵州桥是出自哪一位伟大建筑家的妙手呢？是否是民谣说的“赵州桥鲁班修，玉石栏杆圣人留”？

张嘉贞是唐玄宗李隆基的宰相。723年，他被贬到幽州做刺史。应该是在这段做地方官的时间里，他来到了已落成百年的赵州桥，心有所思，因此写下了一篇《安济桥铭》。文中他主要对桥柱、栏板上的雕刻备加赞赏。难得的是，他在桥铭的序中记述：“赵州洨河石桥，隋匠李春之迹也。”中国浩如烟海的史书

中，记载的多是帝王将相的活动和文臣鸿儒的雅事，对普通工匠的记载一向少见。如果没有张嘉贞，我们就无法知道是隋代一位了不起的匠师李春设计建造了赵州桥。

【名称】赵州桥石栏板
【年代】隋代
【现状】中国国家博物馆藏

赵州桥建成至今，经受住数百次洪水和多次强烈地震的考验，千年坚固不倒。

像赵州桥这样古老的大型敞肩石拱桥，在世界上相当长的时间里是独一无二的。14世纪时，欧洲才出现类似的桥，比赵州桥晚了700多年。所以无论在结构技术还是建筑艺术上，它在世界桥梁史上都占有崇高地位。

赵州桥被列入第一批全国重点文物保护单位，并进行了全面修复。修复赵州桥时，从桥下的淤泥中发掘出不知何年何月坠落河中的栏板，栏板两面雕龙。正面的双龙周身生鳞甲，身体相向钻穿栏板，前爪互推；反面石雕栏板上是两条飞龙互相缠绕，嘴里还吐着水花。石栏板现藏于中国国家博物馆。

卢沟桥

中外驰名的卢沟桥在北京市西南永定河上，地处通往北京的咽喉要道，自古就成为兵家必争之地。1937年7月7日，卢沟桥的枪声拉开了全面抗日的序幕。

卢沟桥建成于金朝明昌三年（1192年），是中国古代北方最大的石桥。桥全长266.5米，宽7.5米，11个拱门悠然卧在波澜之上，每个桥墩前都有分水尖，俗称斩凌剑。桥上两侧共有1.4米高的望柱281根。两柱之间由刻着花纹的栏板相连。每个望柱顶端都有一个大狮，大狮身上雕着许多姿态各异的小狮。卢沟桥的石狮雕刻享誉民间，有“卢沟桥的狮子——数不清”的歇后语。桥的两头，东有石狮一对，西有石象一对。桥东端有碑亭，石碑正面为乾隆御笔“卢沟晓月”4个字，背面为乾隆书卢沟桥诗。

卢沟桥至京城30余里，在交通不太发达的古代，差不多是半天的路程。出京的客人上午在京城吃罢饯别酒便启程，来到卢沟河畔已是夕阳西下之时了。客人不得不找地投宿，准备翌日早行。于是此处逐渐发展为京城西南的第一个歇宿点。我们从元代《卢沟运筏图》中可以看到当时卢沟河畔茶肆酒馆、招商旅店之繁华及策马驱车、步行担担、风尘仆仆的客人之景象，图画将这些

卢沟桥

【名称】《卢沟运筏图》
【年代】元代
【现状】中国国家博物馆藏

描绘得惟妙惟肖。留宿的客人，一觉醒来，鸡已鸣3遍，洗漱登程，看到晓月当空，东方露出鱼肚白色，天空残月倒挂，大地似银，“卢沟桥上月如霜”，此时方可真正体会到“卢沟晓月”之意。卢沟桥的月色格外妩媚，金朝第六位皇帝金章宗很推崇这座卢沟桥，就给它封了个“卢沟晓月”的雅号，并把它列为“燕京八景”之一。

今天，雄伟壮观的卢沟桥依然横跨在永定河上，神态各异的石狮、“卢沟晓月”石碑，经过修葺，依旧清晰可辨，供中外游客观赏。

中国园林

我国古代的园林是古代建筑重要的一部分，与欧洲几何式园林共同构成世界园林两大体系。我国的园林是立体的画，是凝固的诗。它与我国古代的山水画和唐诗宋词一样，闪烁着中华民族独特的哲学思想的智慧光辉，是中华民族的宝贵财产，也是人类历史上罕见的具有高度思想性和艺术性的珍宝。

园林

西方园林是以山、树、石“雕刻”成的立体图案，人工斧凿痕迹十分明显。1世纪的罗马园林已开始采用花坛、剪饰和迷阵。花坛是几何形的，剪饰也把树木修剪成几何形体——尖锥形、多角柱、圆球形、半圆球形和矮墙式的绿篱，甚至剪成动物的形状。迷阵是用绿篱组成的几何形回路，有许多死胡同，易进难出，极为有趣。草地也是几何形，用不同颜色的花草组成像地毯一样的图案，道路又平又直，几何对称，人工砌出几何形池岸和笔直的小河道。

而中国的园林则更胜一筹：它以中国丰富的山水诗、山水画为基础，

“巧于因借，精在体宜”，使用各种巧妙而又简便的方法处理空间，创造出“虽由人作，宛自天开”、模拟自然而优于自然的环境。曲折的池岸，弯曲的小径，用美丽的石头堆成峰、峦、涧、谷，房屋形式自由多变，仿佛是大自然的动人一角。我国的自然山水式园林、古典园林，是建筑、美学和人文精神的凝结，是古人智慧的结晶，是具有浓郁书卷气韵和翰墨芬芳的艺术品。它在处理空间、营造浓厚的艺术氛围等方面取得的重要成就，不仅为中国古代建筑增添了独特的光辉，而且在世界园林史上占有重要地位。它不仅在亚洲影响了日本等国的造园艺术，在18世纪后半期，对远处西欧的英国也有重要的影响。祖先在这些方面取得的光辉成就是我们的骄傲，是举世公认的人类文化宝库中的珍宝。

灵囿

我们现在能知道的最早的园林是周文王的灵囿（约公元前11世纪）。《诗经·大雅》中有对灵囿的描述，如“王在灵囿，麀鹿攸伏。麀鹿濯濯，白鸟翯翯。王在灵沼，於牣鱼跃”。说明这是一个皇家狩猎场。

上林苑

台北故宫博物院收藏着元代大画家李容瑾绘制的《汉苑图》。画面中楼台、殿阁、古树环抱，回廊依山傍水，远岭溟蒙，胜似仙境。界画工整，比例精确，线条流畅，是一幅继承唐宋传统之界画精品。我们看这幅画往往不会关心它描绘的是否是汉朝皇家园林——上林苑，给我们印象最深刻的是画中描绘的我国古代木结构建筑的巧妙、精美和壮丽。

【名称】李容瑾《汉苑图》

【年代】元代

【现状】台北故宫博物院藏

秦、汉两代最重要的皇家园林是上林苑。上林苑位于今天陕西西安长安区西南。秦始皇统一中国之后，大兴土木，修建了广袤的宫苑——上林苑。这个规模宏大的宫苑未及竣工，秦朝就灭亡了。

汉武帝于建元三年（公元前138年），在秦上林苑的故址上，进一步扩大汉上林苑，使其范围达百余里，高墙圈绕，苑中养百兽，天子春秋于苑中射猎，保持着商周以来射猎游乐的传统。

苑内有大型宫城建章宫，气魄十分雄伟。屋顶上有一对铜铸的凤凰。铜凤高5尺，饰黄金，下有转枢，可随风转动。西有神明台，高50丈，有铜仙人舒掌捧铜盘玉杯，承接雨露。建章宫北为太液池，池中有蓬莱、方丈、瀛洲三神山。池北岸有石鱼，长2丈，广5尺。西岸有石龟两个，各长6尺。池边皆是雕胡（茭白之结实者）、紫萚（葭芦）、绿节（茭白）之类。

上林苑中最大的水面为昆明池，面积达20多平方公里，水禽成群，生意盎然，烟波浩渺，风光明媚。湖中设岛，称豫章台。又造楼船，高10余丈，上插旗帜，十分壮观。两岸立牛郎、织女巨型石人雕像，寓意池水为天河。

还有一些各有用途的宫、观建筑，如演奏音乐和唱曲的宣曲宫；观看赛狗、赛马和观赏鱼鸟的犬台宫、走狗观、走马观、鱼鸟观；饲养和观赏大象、白鹿的观象观、白鹿观；引种西域葡萄的葡萄宫和养南方奇花异木及佳果，如菖蒲、山姜、桂、龙眼、荔枝、槟榔、橄榄、柑橘之类的扶荔宫；角抵表演场所平乐观；养蚕的茧观等离宫别馆70余所。

大文豪司马相如的《上林赋》，描写了上林苑的壮丽及汉天子游猎的盛大规模，歌颂了统一王朝的声威和气势，是文学史上的名篇。26年，赤眉军撤离长安城时，放火焚烧了城内外的皇家宫苑，建章宫成为一片焦土，双圆阙被毁。如今辉煌的上林苑已经不在了，只有昔日昆明池畔的牛郎石像和织女石像，依然伫立在东西相隔约3公里的陕西西安长安区常家庄和斗门镇，痴情地相望着。

九成宫

隋之大兴城，唐改称长安城，夏季十分炎热，堪称火炉。至高无上的皇帝每逢夏季则烦忧于此，构筑夏宫以避暑，当然要选择清爽凉快之地。

隋唐时，帝王最重要的皇家园林是九成宫（隋仁寿宫），始建于隋文帝开皇十三年（593年）二月，竣工于隋文帝开皇十五年（595年）三月。九成宫位于今陕西麟游县2公里外的北马坊河口，天台山麓，海拔1000多米。九成宫地势高且正处谷口，加上坐落于杜水之阳，杜水与北马坊河交流处有碧波荡漾的“西海口”，依山傍水，“非直凉冷宜人，且去京师不远”，自然成为长安城内帝王最理想的避暑胜地。

九成宫开始名叫“仁寿宫”，由宇文恺设计监修，建筑极其豪华壮丽。仁寿即仁者寿，隋文帝杨坚希望自己长生，可不幸的是：仁寿四年（604年），杨坚卧病在床，宣华夫人、太子杨广等人侍疾。在光天化日之下，太子杨广置其父病危于不顾，淫欲交欢之心切，逼宣华夫人行好事，遭到拒绝。隋文帝杨坚得知此事后十分恼火，埋怨其皇后独孤氏要他废长子杨勇而立幼子杨广之举。随即令兵部尚书柳述、黄门侍郎元岩修改传位诏书，并召杨勇上殿。一场更换太子的事件即将发生。左仆射（宰相）杨素得知消息后，立即将事态的严重性告知杨广。杨广迅速采取对策，把宣华夫人及后宫侍疾者迁入别室，离开杨坚左右，并让心腹张衡入杨坚病室，时隔不久，杨坚驾

【名称】袁耀《九成宫图》
【年代】清代
【现状】北京故宫博物院藏

崩于仁寿宫。

唐太宗贞观五年（631年），仁寿宫修复扩建，更名为“九成宫”。“九成”之意是“九重”或“九层”，言其高大。

让父皇生活安逸，冬暖夏凉，是父子之礼，也是唐太宗李世民的心愿。太宗修缮九成宫之后，屡请太上皇李渊避暑于九成宫，但“上皇以隋文帝终于彼，恶之”。隋文帝杨坚死在自己的儿子之手，李渊不愿去九成宫，想必是不愿想起那段父子相残的惨剧。唐太宗李世民只好在贞观八年（634年）下令修大明宫作为太上皇避暑之所，不幸的是李渊在第二年就病逝了。

贞观六年（632年），唐太宗来到修复扩建后的九成宫避暑。一天，他和长孙皇后在九成宫散步，当走到西城背面从一座高耸的楼阁向下看时，发现这里的土地略显湿润，就用手杖掘地，结果泉水随之流涌出来。这泉水清澈如镜，甘甜如醴酒。古人认为如果君王贤明就会有醴泉出现。于是，唐太宗便立碑以示纪念，碑铭由检校侍中魏徵撰文，弘文馆学士兼太子率更令欧阳询书丹，记述了李世民发现泉水的经过及意义，赞颂大唐王朝的太平盛世和李世民的丰功伟绩，并提醒大家“居高思坠，持满戒溢，念兹在兹，永保贞吉”。

唐太宗李世民之后，唐高宗李治也几赴九成宫避暑。高宗晚年，政权操纵在武则天之手，唐朝的政治中心逐渐转移到洛阳，皇帝去九成宫的次数便日渐减少了。武则天在长安只住过2年，其余20多年都住在洛阳。以后的中宗、睿宗也多往来于长安、洛阳之间，因此再没有专人去修缮九成宫，其破落也就在所难免了。

后世历代书法名家对《九成宫醴泉铭碑》评价极高，给予“楷书之极则”的赞誉，是后世学习欧体的最佳范本。

唐高宗仪凤三年（678年），天台山山洪暴发，九成宫被毁，此后就没有再修复，现在仅存遗迹，幸运的是九成宫醴泉铭碑完好地保存了下来，至今屹立于原地。

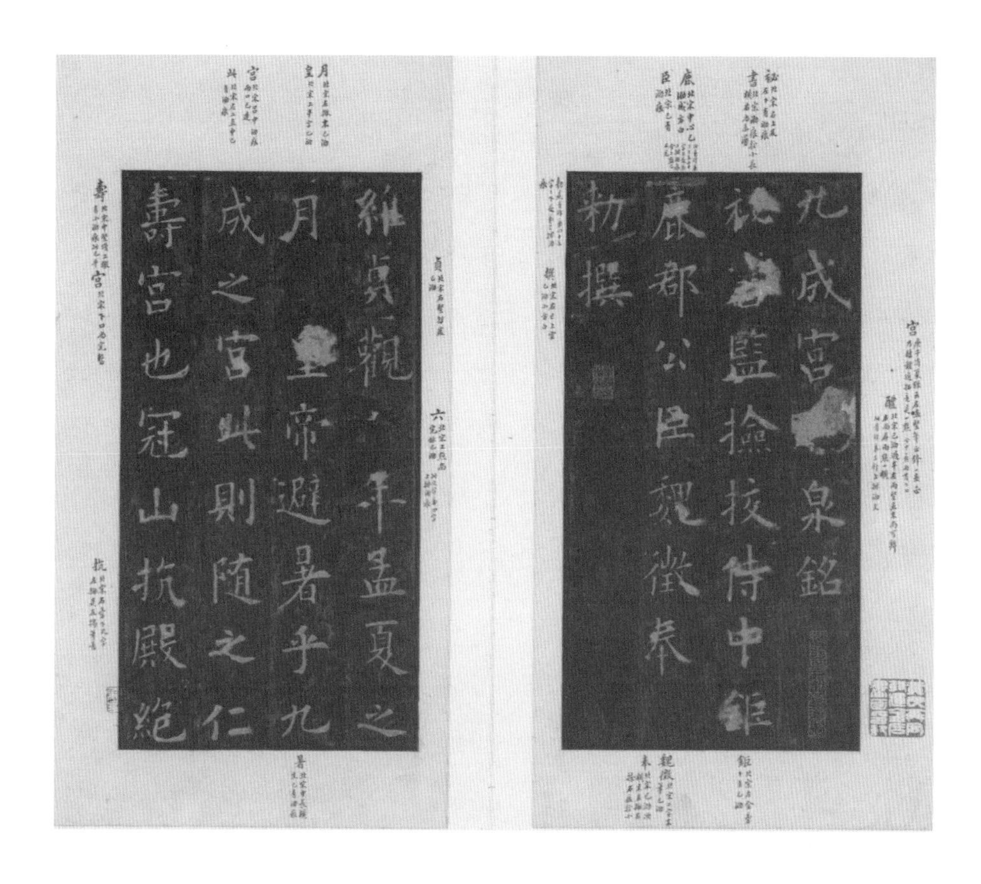

【名称】《九成宫醴泉铭碑》拓本
【年代】宋代
【现状】中国国家博物馆藏

辋川别业

唐代诗人兼画家王维（701？—761年）在辋川山谷（今陕西蓝田县西南10余公里处）宋之问蓝田山庄的基础上营建的园林，今已无存。根据传世的《辋川集》中王维和同代诗人裴迪所赋绝句，对照后人所摹的《辋川图》，可以把辋川别业大致描述如下：

从山口进，迎面是“孟城坳”，山谷低地残存古城，坳背山冈叫“华子岗”，山势高峻，林木森森，多青松和秋色树，因而有“飞鸟去不穷，连山复

秋色”和“落日松风起”句。背冈面谷，隐处可居，建有辋口庄，于是有“新家孟城口”和“结庐古城下”句。

越过山冈，到了“南岭与北湖，前看复回顾”的背岭面湖的胜处，有文杏馆，“文杏裁为梁，香茅结为宇”，大概是山野茅庐。馆后为崇山峻岭，岭上多大竹，题名“斤竹岭”。这里“一径通山路”，沿溪而筑，有“明流纡且直，绿筱密复深”句，状其景色。

缘溪通往另一区，题名“木兰柴”，这里景致幽深，有诗说：“苍苍落日时，鸟声乱溪水。缘溪路转深，幽兴何时已。”溪流之源的山冈，跟斤竹岭对峙，叫“茱萸沜”，大概因山冈多“结实红且绿，复如花更开”的山茱萸而题名。翻过茱萸沜，为一谷地，有“仄径荫宫槐”句，题名“宫槐陌”，“是向欹湖道”。

登冈岭，至人迹稀少的山中深处，题名“鹿柴”，那里“空山不见人，但闻人语响”。“鹿柴”山冈下为“北垞”，一面临欹湖，盖有屋宇，“南山北垞下，结宇临欹湖”。北垞的山冈尽处，峭壁陡立，壁下就是湖。欹湖的景色是，“空阔湖水广，青荧天色同。舣舟一长啸，四面来清风”。泛舟湖上时，“湖上一回首，青山卷白云”。为了充分欣赏湖光山色，建有“临湖亭”，有诗这样描述：“轻舸迎上客，悠悠湖上来。当轩对尊酒，四面芙蓉开。”堤岸上种植了柳树，“分行接绮树，倒影入清漪”“映池同一色，逐吹散如丝”，因此题名“柳浪”。“柳浪”往下，有水流湍急的“栾家濑”，这里是“浅浅石溜泻”“跳波自相溅”“泛泛鸥凫渡，时时欲近人”，不仅描写了急流，也写出了水禽之景。从这里到南垞、竹里馆等处，因有水隔，必须舟渡，所以“轻舟南垞去，北垞淼难即”。

沿山溪上行到“竹里馆”，得以“独坐幽篁里，弹琴复长啸。深林人不知，明月来相照”。此外，还有“辛夷坞”“漆园”“椒园”等胜处，因多辛夷（即玉兰）、漆树、花椒而命名。

【名称】《辋川图》摹本局部
【年代】宋代
【现状】中国国家博物馆藏

艮岳

宋徽宗赵佶是中国历史上的“败家公子哥”。他诗文书画、骑马、踢球，无一不精。在中国封建社会时期昏庸帝王的队伍里，宋徽宗不得不说是极为特殊的一位。

特殊之处就在于他虽然是个只会享受不会治国的昏君，但也是一位很高

明的画家、书法家，而且他是一位很优秀的美术收藏家、欣赏家、批评家和教育家。他的昏庸体现在统治的20多年中，先后任用蔡京、童贯等奸臣，造成政治上的黑暗；他不顾民生和国防，为了满足个人私欲大兴土木修建皇家园林，以致农民起义危及政权。他还迷信道教，耗费大量人力物力兴建道观，自称道君皇帝，可以说宋徽宗是荒唐至极。北宋好好的一座江山就这样断送在他的手里。靖康二年（1127年），他和儿子宋钦宗赵桓被金兵俘虏。1135年，宋徽宗悲惨地死在冰天雪地的五国城（今黑龙江依兰），成了北宋的亡国之君。

宋徽宗不是一个好的皇帝，但他是一个举世公认的艺术家，除了传世的瘦金体书法和那些绘画作品，他在位时，还营造修建了寿山艮岳，亦号华阳宫。宋徽宗亲自写有《艮岳记》。“艮”为地处宫城东北隅之意。艮岳位于汴京（今河南开封）景龙门内以东，封丘门（安远门）内以西，东华门内以北，景龙江以南，周长约3000米，面积约为0.5平方公里。艮岳突破秦汉以来宫苑“一池三山”（见建章宫）的规范，把诗情画意移入园林，以典型、概括的山水创作为主题，在中国园林史上是一大转折。宋徽宗作《艮岳记》赞赏不已：“凡天下之美，古今之胜在焉。”苑中叠石、掇山的技巧，以及对于山石的审美趣味都有

【名称】宋徽宗画像
【年代】宋代
【现状】台北故宫博物院藏

提高。苑中的奇花异石取自南方民间，运输花石的船队称为“花石纲”（往汴京运送花石的船只，每十船为一纲）。为迎合宋徽宗，宰相蔡京设专门的机构建艮岳，宦官梁师成和大臣朱勔是主要参与人。石料以太湖石、灵璧石为主，当时在苏州设置了以朱勔为首的应奉局。太湖石产于苏州洞庭山太湖，由于长年受水浪冲击，太湖石产生许多窝孔、穿孔、道孔，形状奇特，自古受造园家青睐。

据记载，宫苑内峰峦崛起，众山环列，仅中部为平地。其中东为艮岳，分东西二岭，上有“介亭”“麓云”“半山”“极目”“萧森”五亭。南为寿山，两峰并峙，瀑布泻入雁池。西为“药寮”“西庄”，再西为“万松岭”，岭畔有“倚翠楼”。艮岳与万松岭间自南往北为濯龙峡。中间平地凿成大方沼，沼水东出为“研池”，西流为“凤池”。此外因境设景，还有“绿萼华堂”“巢云亭”等，寓意得道飞升的有“祈真磴”“炼丹亭”“碧虚洞天”等。宋徽宗曾画《溪山秋色图》，清乾隆帝在上面题诗：

雨郭烟村白水环，迷离红叶间苍山。恍闻谷口清猿唳，艮岳秋光想像间。

“花石纲”导致民怨沸腾，国力困竭，以致金兵乘虚而入，汴京失守。宋徽宗最终被金兵掳走，死于北国，含羞于地下。这个颇知审美、酷爱奇石的皇帝，成为一个玩物丧国的昏君典型。元人郝经曾咏道：

万岁山来穷九州，汴堤犹有万人愁。中原自古多亡国，亡宋谁知是石头？

靖康元年（1126年）冬天，金兵围城之际，艮岳的一部分石头被凿碎后填了炮筒，充为炮弹。

数十年后，金人认为艮岳的奇石也是战利品，应该掠走。于是在金世宗修建大宁离宫的时候，派人去汴京把艮岳的太湖石、灵璧石拆下来，运到中都（北京）。这些奇石，大部分用来修了北海的琼华岛。如今人们游北海公园，

【名称】宋徽宗《溪山秋色图》
【年代】宋代
【现状】台北故宫博物院藏

尚能看到乾隆的几通诗碑，一块乾隆题名的昆仑石，石背所刻诗中，有“摩挲艮岳峰头石，千古兴亡一览中”句。乾隆熟知前朝掌故，摩挲着艮岳遗石，不禁发出了兴亡之叹。

上海豫园的镇园之宝玉玲珑据闻同为艮岳遗石。

【名称】宋徽宗《祥龙石图》
【年代】宋代
【现状】北京故宫博物院藏

明代皇家园林

紫禁城御花园

紫禁城御花园始建于明代永乐十八年（1420年），位于紫禁城中轴线的北端。园内建筑采取了中轴对称的布局。中路是一个以重檐盝顶、上安镏金宝瓶的钦安殿为主体建筑的院落。东西两路建筑基本对称，东路建筑有堆秀山、御景亭、摛藻堂、浮碧亭、万春亭、绛雪轩；西路建筑有延晖阁、位育斋、澄瑞亭、千秋亭、养性斋，还有四神祠、井亭、鹿台等。这些建筑绝大多数为游憩观赏或敬神拜佛之用，唯有摛藻堂从清乾隆时起，贮藏《四库全书荟要》，供皇帝查阅。园内遍植古柏老槐，罗列奇石玉座、金麟铜像、盆花桩景，增添了园内景象的变化，丰富了园景的层次。御花园的地面用各色卵石镶拼成福、禄、寿象征性图案，丰富多彩。著名的堆秀山是

宫中重阳节登高的地方，叠石独特，磴道盘曲，下有石雕蟠龙喷水，上筑御景亭，可眺望四周景色。

三海

三海的历史最早可溯源到10世纪的辽代，当时称为瑶屿，位于辽代南京城北郊，是一处供游玩赏乐的景点。

金代以辽代时期的南京城为都城，改称中都。统治者在现在北海所在的地方建造了很多华美的宫殿、苑囿。在建造这座园林时，设计者颇费心思，从全国调集建筑、装饰材料，不惜工本进行布置。比如当时在建造琼华岛时，因缺少太湖石，岛屿稍显单调，便命工人特从汴京拆取艮岳的太湖石来修筑琼华岛，以充实岛屿。金代的三海布局大致以琼华岛为中心，在岛上和海子周围修造宫苑。

元代在北京建立都城，三海所在的区域，都成为皇城中的禁苑，又称为“上苑”；明、清时期称为西苑。到至正八年（1348年）时，园中的山被赐名为“万寿山”（也称“万岁山”），水被赐名为“太液池”。

明代在元代禁苑的基础上进行了扩建，使现在我们所见的三海初具规模。最初只是在原有的基础上稍加修葺，但到了天顺年间（1457—1464年），则对西苑进行了较大规模的扩建：首先，填平了仪天殿与紫禁城之间的水面，砌筑了团城；其次，在琼华岛上和太液池沿岸增添了许多建筑物；最后，开辟了南海，扩大了太液池的范围，完成了北海、中海、南海三海的布局。

经过明代的重建，西苑形成了一个纵贯南北的大水域，由太液池上的两座石桥将其整个划分为三个水面：金鳌玉蛛桥以北为北海，蜈蚣桥以南为南海，两桥之间为中海。自此，西苑又有了“三海”之说。中海和南海紧密相依，因此常常合称为中南海。

三海的总体布局继承了中国古代造园艺术的传统：水中布置岛屿，用桥堤同岸边相连，在岛上和沿岸布置建筑物和景点。水面占全园一半以上，视野比较开阔。琼华岛耸立于北，瀛台对峙于南，长桥卧波，状若垂虹。岛上的山石和各种建筑物交相掩映，组成一个整体。许多景点高低错落，疏密相间，点缀其中。

北海以琼华岛为中心。琼华岛上布置了白塔、永安寺、庆霄楼、漪澜堂、阅古楼和许多假山、隧洞、回廊、曲径等建筑物，有清乾隆帝所题“燕京八景”之一的“琼岛春阴”碑石和模拟汉代建章宫设置的仙人承露铜像。北海东北岸有画舫斋、濠濮间、静心斋、天王殿、五龙亭、小西天等园中园和佛寺建筑。

北海公园

苏州园林

苏州园林是现存中国古典私家园林中最具有代表性的杰作。有关苏州私家园林的记载，以东晋的辟疆园为最早。唐宋时期，苏州园林的兴建日益增多，宋代有苏舜钦的沧浪亭。明清时期，建园之风甚盛，造园艺术也达到空前的水平，目前遗留的园林实物多属这一时期。苏州园林的兴盛，与江南水乡的优越自然条件以及当地经济、文化的繁荣有着密切关系。据调查，20世纪60年代初，苏州市遗存的园林庭院尚有186处之多。

江南气候温和湿润、水网密布、花木生长良好等，都对园林艺术格调产生影响。江南宅园建筑精致淡雅，翼角高翘，又使用了大量花窗、月洞，空间层次变化多样。植物配置以落叶树为主，兼配以常绿树，再辅以青藤、篁竹、芭蕉、葡萄等，做到四季常青，繁花翠叶，季季不同。江南叠山喜用太湖石与黄石两大类，或聚垒，或散置，都能做到气势连贯，可仿出峰峦、丘壑、洞窟、峭崖、曲岸等诸多形态，且太湖石的独特形体可作为独峰欣赏。建筑色彩崇尚淡雅，粉墙青瓦，赭色木构，有水墨渲染的清新格调。

拙政园在娄门内东北侧，苏州四大名园之一。明正德八年（1513年）前后，御史王献臣退休后买下大弘寺的部分基地造园，大画家文徵明设计，用晋代潘岳《闲居赋》中“拙者之为政”句意为园名。全园临水建有形体各不相同、位置参差错落的楼、台、亭、榭多处。主厅远香堂为原园主宴饮宾客之所，四面长窗通透，可环览园中景色；厅北有临池平台，隔水可欣赏岛山和远处亭榭；南侧为小潭、曲桥和黄石假山；西循曲廊，接小沧浪廊桥和水院；东经圆洞门入枇杷园，园中以轩廊小院数区自成天地，外绕波形云墙和复廊，内植枇杷、海棠、芭蕉、木樨、竹等植物，建筑处理和庭院布置都很雅致精巧。

苏州拙政园

明中叶以后，私家园林的数量逐步增加，造园艺术也有所发展。到清朝中叶，由于扬州是盐商集中的地点，修建了大批园林。其他地点则各有兴废，唯有苏州是官僚地主会集的地方，所以代有兴建，维持五代以来一贯的盛况。这些私家园林常是住宅的一部分，规模不大，必须在有限空间内创造较多的景物，因而在划分景区和造景方面，产生很多曲折细腻的手法，但也带来了幽曲有余而开朗不足和建筑过于稠密的缺点。其中叠山艺术在这一时期出现一些不同的理论和作风。现存遗物如明代张南阳所叠，在有限的空间内构成若干不同的景区，产生连贯和对比的艺术效果，逐步达到高潮，是明清时期私家园林在创造意境方面的特点，同时它也是建筑、园艺、雕刻、书法、绘画等多种艺术的综合体。

苏州园林以曲折幽深、富于变化和充满诗情画意著称，对中国南北各地的园林都有重大影响。为增加园景深度，多数园林的入口处设有假山、小院、漏窗等作为屏障，适当阻隔视线，使人隐约看到一角园景，然后几经盘绕才能见到园内山池亭阁的全貌，要迂回一番之后才能到达。

园林里都有假山和池沼。假山的堆叠可以说是一项艺术而不仅是技术。或者是层峦叠嶂，或者是几座小山配合着竹子花木，全凭设计者和匠师们生平多阅历丘壑，才能使游览者远望的时候，仿佛观赏宋元工笔云山，或者倪云林的作品，攀登的时候忘却苏州城市，只觉得是在山间漫步。

苏州耦园

至于池沼，大多引用活水。有些园林池沼宽敞，就把池沼作为全园的中心，其他景物配合着布置。水面假如是河道模样，往往布置桥梁。池沼或河道的边沿很少砌齐整的石岸，总是高低屈曲，任其自然。还在那儿布置几块玲珑的石头，或者种些花草：这也是为了取得从各个角度看都成一幅画的效果。池沼里养着金鱼或各色鲤鱼，夏秋季节荷花或睡莲开放。高低树木俯仰生姿，落叶与常绿树相伴，花时不同的花树相间，令人一年四季都不会感到寂寞。

苏州古典园林的历史绵延2000余年，在世界造园史上有独特的地位和价值，它以写意山水的高超艺术手法，蕴含浓厚的传统思想文化内涵，展示东方文明的造园艺术典范，实为中华民族的艺术瑰宝。2000年11月，苏州艺圃、耦园、沧浪亭、狮子林和退思园5座园林作为苏州古典园林的扩展项目被批准列入《世界遗产名录》。

清代皇家园林

继康熙皇帝修建畅春园和避暑山庄、雍正修建圆明园之后，到了乾隆时候，变本加厉，大规模地修建皇家园林。除扩大圆明园之外，又建造了长春园、绮春园、香山静宜园、玉泉山静明园、万寿山清漪园和盘山等地的行宫。

圆明园

康熙四十八年（1709年），康熙帝将北京西北郊畅春园北1里许的一座园林赐给第四子胤禛，并亲题园额“圆明园”。雍正三年（1725年），雍正帝将圆明园的占地面积由原来的600余亩扩大到3000余亩。此后，圆明园不仅是清朝皇帝休憩游览的地方，也是他们接见大臣及外国使节、处理日常政务的场所。乾隆六十年间，圆明园逐渐增添了园林景观和建筑组群，并在圆明园的东邻和东南邻兴建了长春园和绮春园，因此又称“圆明三园”。它是清代北京西北郊五座离宫别苑，即“三山五园”（香山静宜园、玉泉山静明园、万寿山清

【名称】圆明园图
【年代】清代
【现状】法国国家图书馆藏

漪园、圆明园、畅春园）中规模最大的一座，面积约为3.47平方公里。有景区150多处，主要的如“圆明园四十景”“绮春园三十六景”，都由皇帝命名题署。其中最著名的有上朝听政的正大光明殿，祭祀祖先的安佑宫，举行宴会的山高水长楼，模拟《仙山楼阁图》的蓬岛瑶台，再现《桃花源记》境界的武陵春色。一些江南的名园胜景，如苏州的狮子林、杭州的西湖十景，也被仿建于园中。长春园内还有一组由欧洲天主教传教士郎世宁和蒋友仁设计监造的巴洛克风格建筑、雕塑、喷泉和几何式园林。可以说，圆明园汇集了古今中外的美景。就是这样一座用了100多年时间建造，耗费了拥有约4亿人口的东方大国的无数财力人力，集中反映了5000年文明，举世闻名的“万园之园”，灿烂的文化宝库，中华民族的智慧结晶，于咸丰十年（1860年），被英法联军劫掠，继而被烧毁了。如今只留下残垣断壁，衰草荒烟。我们今天只能凭借那几幅乾隆时期留下来的图片（圆明园四十景图、西洋楼二十页铜版图）和遗址留下的残垣断壁去默想其昔日的辉煌。乾隆年间，宫廷画师沈源、唐岱依据圆明园著名景群绘制的绢本彩色四十景图及汪由敦书写的乾隆帝所作四十景题咏，原存于圆明园，也于1860年被劫，现存于法国国家图书馆。

颐和园

颐和园是清代除圆明园、避暑山庄以外，另一处皇家组织修建的园林，也是最后一个规模宏大的皇家园林，坐落在今北京西郊，属于海淀区。整个园林利用昆明湖、万寿山为基址，以杭州西湖风景为模仿对象，旨在重现江南风景，至今保存完整，占地约2.9平方公里。

颐和园原名清漪园，早在金代，便具雏形。金代时期，已有昆明湖，名为“金水池”，万寿山名为“金山”。到了元代，万寿山又更名为“瓮山”。关于瓮山的得名，还有一个有趣的传说：据说，曾经有一个非常老实本分的农民，曾在此山得到一个装满宝物的石瓮，但他认为这是不义之财，不该据为己有，于是将它掩埋了起来。很多年以后，这件事情被当地的豪绅知道了，他不听劝阻，带领工人们要把这石瓮取出，结果挖出的石瓮中爬出了许多毒蛇、蜈蚣，并将这位贪婪的豪绅咬死了。元代除了将如今的万寿山更名为瓮山外，同时又改金水池为瓮山泊，又名大泊湖、七里泊。

明朝弘治时期，在瓮山之前建立了圆静寺，而后，在此附近逐渐出现了越来越多的园林。正德年间（1506—1521年），明武宗一度改瓮山为金山，改

瓮山泊为金海，在此修建行宫，统称“好山园”。至明末清初，瓮山附近的园林一度湮废，愈发残破。

清朝乾隆十五年（1750年）起，由于筹备崇庆皇太后的六十大寿，整修北京附近的水利工程时，正式将颐和园内的湖泊定名为“昆明湖”，瓮山定名为“万寿山”。咸丰十年（1860年），清漪园被大火烧毁。光绪中叶，又开始了重建工程。光绪十四年（1888年），慈禧正式将这片园林命名为“颐和园”。之后，慈禧挪用了大量的海军军费，对颐和园大加整修，希望赶在光绪二十年（1894年）十月初十，她六十大寿的时候，能够看到这里更加华丽、崭新的面貌，以此庆祝。可这一年的七月，甲午战争的枪声就已打响，清王朝的命运在这座刚刚粉饰一新的皇家园林的见证下，走向了结局。

慈禧太后像

颐和园在鼎盛时期，规模宏大，其中，大部分面积都被万寿山和昆明湖占据。在园内，有成百座大大小小的院落，建筑物更是不胜枚举，亭、台、楼、阁、廊、榭等各具特色。

光绪中后期，慈禧太后曾长期居住在颐和园，这里成为她的离宫，使颐和园不仅具有园林本身的观赏、游玩功能，还增添了一层浓郁的政治色彩。因此在建造时，设计了专门的宫廷区，作为慈禧太后处理政事、接见官员的地方。这个区域位于颐和园正门的入口处附近，由具有殿堂、朝房、值房等多种功能的建筑组成，虽然占地面积不大，但是功能齐全，满足了慈禧一边休养游乐，一边处理政务的多重要求。

颐和园内的大部分区域都属于苑林区，以游览、观景为主要功能。其中，以昆明湖和万寿山为主体。昆明湖的西北端绕过万寿山西麓而连接于北麓的“后湖”，将万寿山环拥，紧密地连成了一体。

昆明湖

昆明湖面积庞大，占整个园林面积的78%左右，是清代皇家诸园中最大的湖泊。园中的许多景点都是临水而建，还有一些岛屿立于湖中，给游览平添了许多趣味。由于清代的乾隆皇帝、慈禧太后等，都有游览杭州苏堤的爱好，所以在建造颐和园时，他们便把对苏堤的喜爱之情融入其中。颐和园的昆明湖中有一道颇为壮观的长堤——西堤，就是以杭州苏堤为模仿对象设计的。西堤自西北向南方延伸，把湖面划分成了大小不等的三个水域，每个水域中都建有一个湖心岛屿，分别命名为“南湖岛”“治镜阁岛”“藻鉴堂岛”，象征着中国古老传说中的东海三神山——蓬莱、方丈、瀛洲，在湖面上遥相呼应。堤岸还建有6座形式各不相同的石桥，其中的玉带桥最为出众。玉带桥以汉白玉雕砌而成，仿佛一条纯净优美的玉色丝带，轻浮在碧波荡漾的西堤之上。除此以外，昆明湖上的主要景观还有东堤、十七孔桥等。由于岛与堤互相分隔，所以在平静的湖面上，出现了星星点点的美丽装饰，既方便了游园者在不同的角度观湖赏景，也增添了水景的层次感，而不至于单调沉闷。

万寿山

万寿山高约60米，前山接近园林的正门。皇帝及眷属办公、生活的宫廷

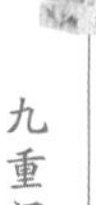

区和寝宫等，都集中在这一部分。这是因为住在这里，不仅进出方便，而且在万寿山上能俯瞰整个昆明湖，将颐和园的美景尽收眼底，是极佳的观景点。因此，万寿山附近的建筑群聚集，游览往返比较方便，还可面南俯瞰昆明湖区。由山脚的“云辉玉宇”牌楼，经“排云门”“二宫门”“排云殿”“德辉殿”“佛香阁”等，能直达山顶的“智慧海”，它们不仅在一条中轴线上，而且山行的坡度由下往上层层递进。待到达“智慧海”这个制高点时，你会看见一座由黄、绿两色琉璃瓦装饰，千余尊琉璃佛像静坐于外墙佛龛中的辉煌殿堂，掩映在浓密的松林之中。

颐和园在设计上，不仅修建各种人工景观来重现杭州西湖美景，在西堤两畔还植有各种奇花异草、桃树垂柳，给昆明湖增添了勃勃生机。想当年，慈禧太后站在那微波粼粼的昆明湖边，湖面上的阵阵微风吹动岸边的杨柳摇曳轻舞，远处的长堤、若隐若现的岛屿，也许在这种仙境一般的美景中，她怎么也想象不到，自己将是这个王朝的断送者。

今天，来自世界各地的游客来到颐和园，莫不发出由衷的赞叹：人间仙境！

颐和园

中国古代建筑装饰

在中国古代建筑艺术中，装饰已经成为一个重要的部分。我国在古代建筑的装饰方面积累了丰富的经验，创造了十分高雅精美的艺术形式。金色琉璃的屋顶，雪白的栏杆，威武的石狮，高大的牌楼，无不彰显民族气派。

门阙与牌楼

为了炫耀权势，古代王侯在府邸大门的两侧建有成双的塔楼，称作“阙”。门阙是塔楼状建筑，置于道路两旁，作为城市、宫殿、坛庙、关隘、官署、陵墓等出入口的标志。外观大体分为阙座、阙身与阙檐三部分。阙身依数量有单出、双出与三出（仅天子可用三出），形体多带有较大收分。阙檐有一、二、三层之别。檐下多以斗拱支承，是重点装饰所在。建阙可用土、石、木材，实心的土阙和石阙不可登临。有时在两阙之间连以短檐，以达强调其出入口的效果。文献中有关阙的记载颇多，如秦阿房宫即“表南山之颠以为阙”，汉宫中有关长乐、未央、建章诸宫阙之叙述更是早已尽人皆知。阙在画像砖、画像石、建筑明器中的形象也不少。保存至今的汉代门阙实物均为墓阙，除少量在河南、山东外，大部分集中于四川。目前最为有名的是四川雅安的高颐墓阙。此阙建于东汉末年，形制为单檐双出式。东、西两阙相距13.6米，现东阙仅有母阙，西阙保存完好。西阙由13层大小不一的石块叠砌而成。母阙高6米、宽1.6米、厚0.9米，上浮刻车马出行图。子阙高3.39米、宽1.1米、厚0.5米。表面均隐出倚柱及横枋。两阙均以栌斗、一斗三升斗拱及横枋承阙顶。阙顶低平，隐出屋脊、瓦垄及圆瓦当。檐下有飞椽，并有反映神怪故事及人间生活的浮雕。该阙阙体各部比例适当，建筑构件写实，多种内容的精美浮雕水平均居已知诸汉阙之首。

四川雅安高颐墓阙

牌楼也叫牌坊，汉族传统建筑之一。最早见于周朝，最初是用于旌表节孝的纪念物，后来在园林、寺观、宫苑、陵墓和街道均有建造。北京是中国

北京大高玄殿外牌楼

牌楼最多的城市。牌楼是一种有柱门形构筑物，一般较高大。旧时牌楼主要有木、石、木石、砖木、琉璃几种。牌楼是中国建筑文化的独特景观，是由汉族文化诞生的特色建筑，如文化迎宾门，也是中国特有的建筑艺术和文化载体。北京现存的明清时期的牌楼有65座，其中有琉璃砖牌楼6座、木牌楼42座、石牌楼17座。

丹墀

丹墀是高级建筑的高基座与台阶踏步，因涂红漆，故名丹墀。台基在高级建筑中多做成雕有花饰的须弥座，座上设石栏杆，栏杆下有吐水的螭首。螭首实际上是排水口，雨天千龙喷水，蔚为壮观。

故宫内的大小宫殿，无不建有厚重的石砌基座。例如，外朝区域的核心宫殿太和、中和、保和三大殿的基座，分为3层，通高8米，平面呈工字形，总面积25000平方米，统称为“三台”。太和殿围有3道汉白玉石栏，装有上千个排水龙头；中间设御路石，上面雕刻龙、凤、云、水、卷草、花卉等10余种图案，与台基的雕刻合为一体，使太和殿显得威严无比，远望犹如神话中的凌霄宝殿，气象非凡。

北京宫殿所需的高级石材汉白玉，采自北京房山的大石窝。巨大的石材，只能在冬季搬运。方法是将石材移上巨木造成的“旱船”，预先在沿途每隔一里左右掘一口井，用井水泼路使之结冰，然后用上万人马前拉后推，缓缓滑行。由房山至城里约75公里，需耗时一个月，方能运到。建10道丹墀，需用大量的石制构件，要征调大批石匠和搬运工人。故宫最大的石雕，是保和殿后阶那块雕着云、龙、海水、江崖的丹墀巨石，此石长16.57米、宽3.07米、厚1.70米，重约250吨。

故宫石雕

华表

华表又称作“望柱”，是古代宫殿、陵墓等大型建筑物道路两旁做装饰用的巨大石柱，是中国一种传统的建筑形式，也称为“神道柱”。华表一般由底座、蟠龙柱、承露盘和其上的蹲兽组成。早期时候顶上的蹲兽是辟邪；宋代为立鹤；明清为称为“犼”的怪兽。早期时候柱身无纹饰，只是竖条纹；明清多雕刻龙凤等图案。早期时候柱身上部为一块石榜，上面刻字；明清时改为横插着雕成祥云状的石板。

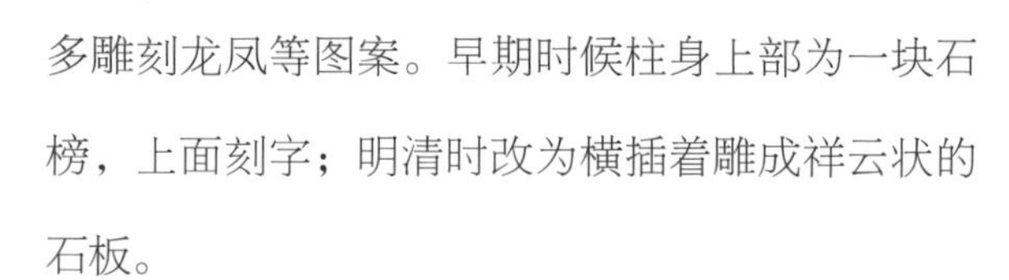

天安门前后各有一对汉白玉的华表，与天安门同建于明永乐年间，迄今已有500多年历史。这一对华表间距为96米，云龙雕刻得端庄秀丽、庄严肃穆，是少有的精美艺术品。由于天安门门前那对华表上的石犼面向宫外，后面的那对华表上的石犼面向宫内，故在古老的传说中，人们把宫前的石犼叫“望君归”，意为盼望皇帝外出游玩不要久久不归，应快回宫料理国事；面向宫内的石犼叫“望君出”，劝诫皇帝不要老待在宫内寻欢作乐，应常到宫外去了解百姓的苦难。每根华表由须弥座柱础、柱身和承露盘组成，通高为9.57米，直径为98厘米，重约20000吨。华表是一种标志性建筑，已经成为中国的象征之一。

天安门华表

狮子

汉代时，宫门口摆放的是金马。金马，旧时比喻才学超绝而富贵显达，称玉堂金马登高第。

到了晋代，宫门口安置骆驼。《晋书·索靖传》：“靖有先识远量，知天下将乱，指洛阳宫门铜驼，叹曰：‘会见汝在荆棘中耳！’”后来，索靖的预言果然应验。永平元年（291年），西晋发生了“八王之乱”，都城洛阳遭到严重破坏，皇宫门口的铜骆驼边长满了荒草。

石狮

现代，许多建筑物大门前都摆放一对石狮子，用以镇宅护卫。狮子，原产地不是中国，而是非洲、印度。汉武帝时，张骞出使西域，打通了中国通往西域各国的道路，狮子才得以进入中国。《后汉书·西域传》：“章帝章和元年（87年），（安息国）遣使献师（狮）子、符拔。”这是说远在西亚的安息国（相当于今伊朗）派使臣给当时的汉章帝刘炟送来罕见的礼品：狮子和符拔（一种形似麟而无角的动物）。这在当时的国都洛阳引起了不小的轰动。从此狮子这远道而来的客人开始走入中国人的民俗生活，不仅受到礼遇，而且国人对它厚爱有加，尊称之为“瑞兽”，抬到了与老虎不相上下的兽中之王的地位。

在汉唐时的帝王陵墓、贵胄坟宅前开始出现石狮的踪迹，但当时只限于在陵墓坟宅前摆放，作为神道上的神兽，常与石马、石羊等石像摆放在一起。一般来说，放置都是一雄一雌、成双成对的，而且一般都是左雄右雌，符合中国传统男左女右的阴阳哲学。放在门口左侧的雄狮一般都雕成右前爪玩弄绣球，或者两前爪之间放一个绣球；门口右侧的雌狮则雕成左前爪抚摸幼狮，或者两前爪之间卧一幼狮。石狮子通常以须弥座为基座，基座上有锦铺（铺在须弥座上，四角垂在须弥座的四面）。狮子的造型各异，在中国又经过了美化修饰，基本的形态都是满头鬈发，威武雄壮。

琉璃瓦

屋面，是古代建筑重点装饰的部位之一。筒瓦檐端有瓦当，汉以前瓦当有圆形、半圆形（也包括多半圆）两种，上面模印文字（宫殿名和吉祥词）、四灵（朱雀、玄武、青龙、白虎）、卷草、夔龙等图案。汉以后都是圆形，南北朝至唐几乎都为莲瓣纹，宋以后则有牡丹、蟠龙、兽面等。

正脊两端设鸱尾。唐以前多用鸱尾，为内弯形的鱼尾状，并附有鳍。宋代鸱尾、兽头并用，但鸱尾已出现吞脊龙首，并减去鳍。明清改鸱尾为吞脊吻，吻尾外弯，同时仍保留兽头，垂脊、斜脊端部置走兽。唐以前不设走兽，宋代开始有仙人、龙、凤、狮子、天马等，明清大体沿用宋制，但更定型化。

琉璃砖瓦的装饰手法和形式与陶土砖瓦相似，只是规格化的程度更高，艺术效果庄重典丽，不适用于园林民居。琉璃砖瓦的出现不晚于南北朝。大同

故宫琉璃瓦

方山曾出土北魏琉璃瓦。不过唐大明宫含元殿顶仍是剪边琉璃，即只在屋脊与檐口处用琉璃瓦，其余部分用陶瓦。到了宋代，就有满铺琉璃瓦的殿顶。明朝北京城专门设琉璃厂，烧造北京城所需的大量琉璃砖瓦。清代该厂迁到门头沟琉璃渠。

油漆彩画

1974年，陕西凤翔春秋秦都雍城遗址先后出土64件铜制建筑装饰构件。这些铜构件16厘米见方，大多为曲尺形铜箍套状，器物出土时部分内含朽木。这是做什么用的呢?

这就是古文献上说的“金釭”，是连接加固枋木用的青铜套。随着后来梁架及榫卯结构的日趋完善，昂贵的金属构件——金釭的实用意义越来越小，便逐渐消失。但其影响了后世的装饰，而且以额枋上的彩画装饰最为明显。额枋的“箍头—藻头—枋心”三段式构图中箍头是额枋尽端处的彩绘，其名称即有“箍住端头”之意；藻头在两端箍头内侧；两侧藻头之间夹着枋心图案，形成明显的轴对称。

木构房屋为了防腐需涂油漆，有些部位画各种装饰图案，称彩画。这是中国古代建筑在外观上的又一突出特点。

明清以前，对木材表面直接进行处理（打磨、嵌缝、刷胶），外刷油漆。清代中期以后，普遍用地仗的做法，即用胶合材料（血料）加砖灰刮抹在木材表面，重要部位再加麻、布，打磨平滑后刷油漆。

【名称】金釭
【年代】东周
【现状】中国国家博物馆藏

油漆的色彩是表示建筑等级和特点的最重要的一种手段。从周朝开始，即有明文规定，在艺术处理上考虑主次搭配，如殿用红柱，廊即改为绿柱；框用红色，棂即用绿色等。宋以后，彩画图案相当一部分源于锦纹。明、清以来，北方宫殿、寺庙盛行在柱及门窗上涂土红或朱红等暖色，在檐下阴影内的

构件，如额枋、斗拱等处涂青绿等冷色，并绘各种图案；民间则只能涂黑色，还有深栗色。中国彩画在用色上的最大特点是使用晕色手法，即把同一颜色而深度不同的色带按深浅度排列。只用蓝、绿二色而以金为点缀，就可得到既绚丽又雅致的效果。

影壁

影壁是一面独立墙壁，用在建筑群入口内外，正对大门以作为屏障，又称照壁。影壁是由“隐避”演变而来的。门内为“隐”、门外为“避”，以后就惯称影壁。影壁可用于宫殿、寺庙、 园林、祠堂、住宅等各种类型的建筑中。现存年代最早的影壁见于陕西岐山西周宫殿，在其建筑群的大门外面即有一座。明清时期，影壁大量地出现于各种建筑中。

影壁有遮挡视线的实用功能，它的艺术作用在于构成入口的对景，形成入口前后的独立空间，以突出入口或充当入口与院内的过渡地带。山西太原明代崇善寺大门外的影壁、明清北京宫殿皇极门前用彩色琉璃饰面的九龙壁、山西五台山塔院寺东门外的影壁、北京四合院住宅广泛使用的大门内的影壁等都是很好的例子。

九龙壁

中国比较有代表性的九龙壁有故宫九龙壁、大同九龙壁和北海九龙壁，被称为中国“三大九龙壁”。九龙壁用色分黄、紫、白、蓝、红、绿、青。北海九龙壁的南北两壁均用200块长方琉璃砖拼组而成。每层40块，计5层。若就龙的姿态而言，可以把它们分为两类，跃身上腾者为升龙，俯身探海者为降龙。除壁前壁后各有9条蟠龙在戏珠外，壁的正脊、垂脊、筒瓦等地方都有龙的踪迹，据统计共有635条龙。

中国古代室内装修与家具陈设

中国室内装饰艺术历史悠久并且富有民族风格。木结构建筑组成部分的各种木制隔扇，既方便安装、拆卸，又能根据生活的需要迅速改变空间结构，满足千变万化的功能要求。同时它雕刻精美，同锦绣的帷幔、地毯、壁纸、金砖共同构成精美的室内装修风格。家具不仅是重要的生活用品，在我国古代艺人手里，家具被制成了一件件艺术品。家具的摆放以及字画、匾联、盆景、古玩工艺品等陈设的配合布置，都极其讲究。或富丽堂皇，或幽静高雅的文化氛围和装饰效果，具有鲜明的民族传统风格和特点。

古代居室装修与陈设

古书上记载：尧帝的成阳宫、舜帝的郭门宫，都是茅茨土阶，所以谈不上室内装修装饰。到了商纣王的时候，已经是“锦绣被堂”，可见宫室开始精美装修。汉武帝的未央宫装修得已是华丽无比：台阶以汉白玉砌成，地面涂漆，门槛镏金，壁带用青铜镏金的黄金钉套接。汉皇室宫殿的墙面装饰更是别出心裁：为了防虫逐蚊，以花椒和泥涂壁，然后再披贴丝绸织锦；在墙内外牵绳挂网，网上缀以珠宝，翠鸟、孔雀的羽毛等，并悬挂玉璧，风吹时玉件碰撞就会发出清脆悦耳的声音。

帝王家的室内陈设也是瑰丽无比。汉成帝的宠妃、赵飞燕的妹妹赵合德的昭阳殿，是由被誉为天下第一巧匠的丁缓、李菊负责装饰和陈设布置的。殿中摆设九条金龙，每条金龙口中皆衔九子金铃，五色流苏。飘带是紫色地饰以绿色花纹，并夹杂着用金银线织的花。每当和风丽日，“幡旄光影，照耀一殿，铃镊之声，惊动左右”。殿中央摆设木画屏风，上面花纹的线条细如蜘蛛丝缕。屏风前摆玉几、玉床，上面铺象牙织成的席子。席子四角压着四块席镇，是用无瑕美玉雕成的。席子上铺一张绿熊皮，皮毛长2尺余，人睡在上面被毛遮蔽，望之不能见。

古代室内的墙上如不裱锦帛，则彩绘壁画。壁画题材相当广泛，有神话传说、历史故事、现实生活等内容。相传孔子参观周代的明堂，见到墙上“有尧舜之容，桀纣之像”，而且“各有善恶之状”。传说中还提到孔子见到“周

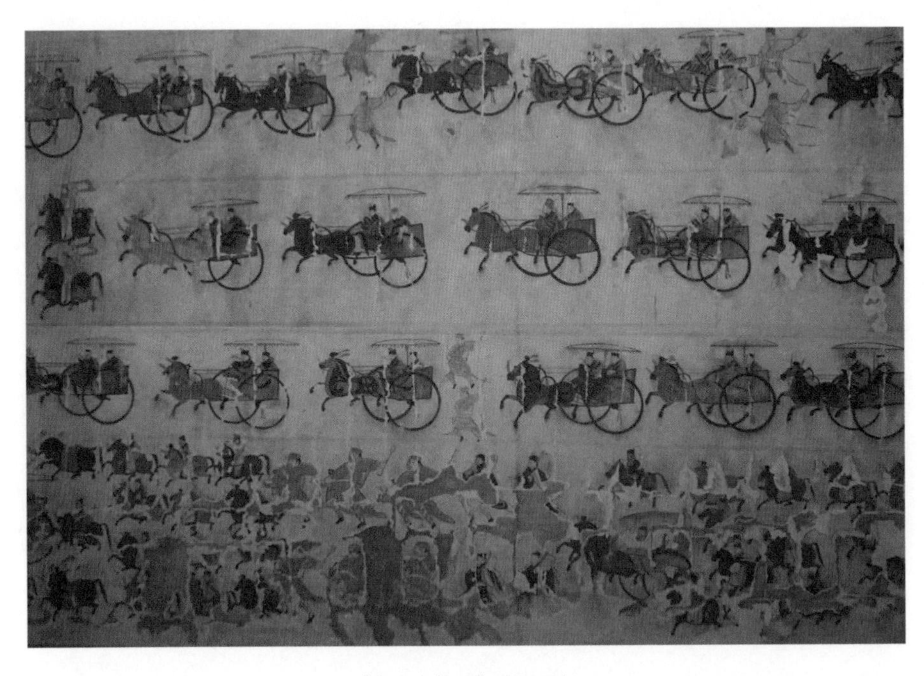

《车马出行图》壁画局部

公相成王，抱之负斧扆南面以朝诸侯之图”。楚国屈原著名的作品《天问》就是在观看了楚先王庙堂的壁画后有感而作的。东汉文学家王延寿曾游鲁地，作《鲁灵光殿赋》，叙述灵光殿建筑，词句瑰丽神奇。公元前51年，汉宣帝（公元前73—前49年在位）命令为11名在降服匈奴过程中立功的大臣和将军画像于麒麟阁内墙上。

中国的起居方式，自古至今，可分为席地坐和垂足坐两种。家具形制与陈设器具主要根据这两种起居方式而定。从远古到汉、魏，是席地而居的生活方式，所用家具都比较低矮，以席和床为起居中心。除了装东西的箱柜以及衣架外，家具主要为：席、床、屏、几、案。

席

古代室内铺席子，进门脱鞋。席子有竹子编的、有马兰草编的，高级的是香蒲草编的。人们在席子上的坐姿与行动方式有很多的礼仪，在席的铺设方法、铺设方位、升降席的方式、材质的区分、坐席的次序等方面也有很多讲究，从而逐渐形成一套完整的礼仪制度。如席分5种，依次为莞席、藻席、次席、蒲席、熊席。上层的席比下层的席更为精美、更为舒适。《诗经·小雅·斯干》载：“下莞上簟，乃安斯寝。”席在数量上有严格的等级制度规定，以多重为贵。《礼记·礼器第十》载：“礼有以多为贵者……天子之席五重，诸侯之席三重，大夫再重。”同坐于一席的人也有上下秩序，尊者与长者坐首位。特别是在客人面前，不能任意坐卧，要采用“跪坐”的坐姿。在会客、宴饮等活动的过程中，如有长者或尊者进来或离席经过自己的面前，则须行避席之礼，即先离开席，然后跪在地上，以这种谦卑姿态表示尊重。

席子四角往往压着席镇，以免席子翘边和错位。一般人家的席镇可能就是一块石头，而帝王贵族就高级多了。比如安徽寿县战国时期楚王墓出土的错

金银的铜牛席镇、徐州狮子山西汉楚王墓出土的用白玉雕成老虎的席镇、河北满城汉中山靖王刘胜墓出土的错金银镶嵌红宝石的铜豹子形席镇。

床

讲究的人家，特别是贵族，席子上要置床或榻。床后及侧面立有屏风；榻设有三面的围屏，这时的床、榻并不单单是睡觉用的，更主要的是尊贵的坐具。床、榻中以一人“独坐”的小榻为贵，专供尊者或长者使用。目前年代最早的古代家具是考古发掘所得的战国时期的制品，例如，信阳长台关楚墓发现的雕刻彩绘、以细竹竿缠丝加铜构件做栏杆的大床，是十分珍贵的一级古代文物。

屏

屏风的使用很广泛，这是因为它不仅可以屏蔽风寒，同时也成为起居、会客的肃静背景，起到分隔室内空间的作用。古代屏风大都为木质，都已经朽烂，很难保留至今。北魏贵族司马金龙墓出土的漆屏上绘有多幅人物故事画，绘画内容大部分采自汉代刘向的《列女传》故事，色彩艳丽，线条清晰。江陵望山楚墓发现的透雕彩绘凤、鸟、鹿、蛇纠结在一起的小屏风基座，构思设计得复杂巧妙，令每一个观者都出乎意料、叹为观止，可以说是我国乃至世界雕塑史上的珍品。

几

长久跪坐，很不舒服，席上往往还有可供傍倚或后靠的凭几和隐囊（圆的大枕头形靠垫）。几，一般为漆几，战国时的凭几以楚墓出土最多，其中以信阳长台关二号墓出土的漆几最为精致。

案

案，古时有脚的托盘。今天的托盘就是一个盘子，当时的托盘——“案”，很多带有四足，四足是缩进去的，与我们今天所说的书案的“案”，形制上非常接近。这种托盘如今日本还在用。“举案齐眉”就是送饭时把托盘举得跟眉毛一样高，后形容夫妻互相尊敬。

东汉人梁鸿，字伯鸾，原籍平陵（今陕西咸阳西北），年轻时家里很穷，由于刻苦好学，后来很有学问。但他不愿意做官，和妻子依靠自己的劳动，过着俭朴而愉快的生活。梁鸿的妻子，是和他同县的孟家的女儿，名叫孟光，生得皮肤黝黑，体态粗壮，喜爱劳动，没有小姐的习气。据说，孟家当初为这个女儿选对象，费了一些周折。30岁了还没出嫁，主要原因倒不在于一般少爷嫌她模样不够娇，而在于她瞧不起那些少爷的一副娇模样。她自己提出要嫁个像梁鸿那样的男子。她父母没办法，只得托人去向梁鸿说亲。梁鸿也听说过孟光的性格，便同意了。孟光刚嫁到梁鸿家里的时候，作为新娘，穿戴得不免漂亮些，梁鸿一连七天都不理睬她。到了第八天，孟光绾起发髻，摘下首饰，换上布衣布裙，开始勤俭持家。梁鸿大喜，说道：“好啊，这才是我梁鸿的妻子呢！”据《后汉书·梁鸿传》载，梁鸿和孟光婚后隐居在霸陵（今陕西西安东北）的深山里，后来，迁居吴地（今江苏苏州）。两人共同劳动，互助互爱，彼此又极有礼貌，真所谓相敬如宾。据说，梁鸿每天劳动完毕，回到家里，孟光总是把饭和菜都准备好了，摆在托盘里，双手捧着，举得与自己的眉毛一样高，恭恭敬敬地送到梁鸿面前去，梁鸿也就高高兴兴地接过来，于是两人愉快地吃起来。这就是“举案齐眉”的故事。

除了这种实际为托盘的小案，贵族家也有气派的大案子。信阳长台关楚墓发现的铜足铜铺首、面上彩绘36朵团花的大案是十分珍稀的古代文物。

【名称】宴饮百戏画像砖局部
【年代】汉代
【现状】中国国家博物馆藏

陈设方式：低型家具时期，厅堂家具和器具的陈设方式与后代不同，并不固定摆设，而是随用随置，用后即撤下收存。从汉代画像石、画像砖中可以看到当时室内家具的使用情况：大的酒樽、铜灯、香炉就随手放在旁边的地上。

酒樽和铜壶都是装酒用的，是战国至汉代最有特色和多见的铜器皿。酒樽又称卮，直筒状，下有三足，一般为三只小熊托举状。铜壶在汉代本名为“钟”，造型为鼓腹、小颈、侈口、圆足，腹多有兽面衔环，另外四方的壶又称为“钫”。以河北满城汉墓出土的错金银鸟篆文壶最为精美和罕见。

古代铜灯使用面广，样式甚多。河北满城窦绾墓出土的鎏金长信宫灯，跪地捧灯的宫女，形貌文静端庄，宫灯的设计精巧，具有除烛烟的构造。

熏炉用于燃烧香料，又名香熏，呈豆形，上有镂雕成山形的、高而尖的盖，象征着海上仙山博山，故又称博山炉。最著名的代表作品是河北满城刘胜墓出土的错金博山炉和陕西兴平茂陵一号随葬墓出土的鎏金银竹节高柄熏炉。茂陵一号随葬墓即卫青与阳信公主合葬墓。鎏金银竹节高柄熏炉不但做工精美、金光灿烂，而且有铭文：“内者未央尚卧，金黄涂竹节熏炉一具，并重十斤十二两，四年内官造，五年十月输，第初三。”说明这件熏炉本是未央宫之物，应是汉武帝赐给卫青与阳信公主的，是一件极其珍贵的历史文物。

明清居室装修

古代室内装修的样子，随着古建筑的消失，我们已经难以见到了，只有根据古书的描述去想象。而明清时期的建筑很多留存至今，是我们研究继承古典民族室内装修艺术与技术的真实资料。

隔扇、花罩与博古架

我国古代建筑的屋顶重量完全由木骨架承担，在室内没有厚重的承重墙，墙壁只起围护、分隔的作用，不承受荷载。这种结构在空间分隔、结构组合、门窗设置上都有极大的灵活性。中国建筑的室内分隔构件主要有各种木制碧纱厨（即隔扇）、花罩和博古架等数种，它们也是居室装修最主要的部分。

隔扇、门、罩等装修构件依附于柱、梁而存在，架设在建筑的开间或进深方向的柱子之间，便于安装、拆卸。这些可活动的构筑物，不但能起到装饰

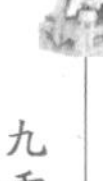

作用，还能够在特殊情况下（如在需举行盛大宴会时）迅速改变空间划分结构，使房屋在不同条件下，满足生产和生活提出的千变万化的功能要求。既可使两柱之间完全变成封闭的墙体，可使两柱之间有部分封闭、部分敞开，完全可以由居住的主人根据生活的需要与个人爱好，分成若干大小不等的空间。各空间的装饰变化多样，扩大了空间的容量：有的增加了生活情趣；有的适合礼仪活动，需要开敞、宏伟、气势庞大，可举行盛大庆典；有的适合起居生活，需要秘密、封闭、小巧、亲切；有的宜于密谈；有的宜于休息；有的可抚琴；有的可作画。随愿运筹，各得其所。

隔扇，有六扇、八扇乃至更多扇，分上下两部分，上由棂条拼成各种纹样，下为绦环板和裙板。重要建筑的棂格用正交、斜交直棂和圆棂组合成为菱花（宋代称为毬纹），裙板雕龙纹。一般建筑是直棂、正交或斜交方格，以及灯笼框、步步锦、冰裂纹及曲棂等形式，裙板雕花卉及几何纹。隔扇横披心、格心部位，为了透光，采用木条拼接成各种花纹，有步步锦、灯笼框、冰裂纹等。这种拼花做成两层，中间或贴纸，或夹以纱绸，或夹装其他透

隔扇

明物质，从而成为“夹纱”。一般的“夹纱”上或写诗，或绘画，或刺绣各种图案，既美观又透光，所以又称碧纱厨。除了隔断功能之外，为室内增添了一面美丽的画壁。

隔扇大多选用紫檀、红木、楠木、银杏、黄杨等高级木料，雕镂精绝，玲珑透漏。《红楼梦》中描述贾宝玉的怡红院房内：“**四面皆是雕空玲珑木板，或‘流云百蝠’，或‘岁寒三友’，或山水人物，或翎毛花卉，或集锦，或博古，或万福万寿，各种花样，皆是名手雕镂，五彩销金嵌玉的。**”

罩，是笼罩的意思，也可能是帐字变来的，古代室内多用帷帐。后来用小木作仿帷帐当作隔断，所以落地罩有写作落地帐的。罩在内檐装修上是常用的东西，它是房内两个不同地方之间的间隔物，而这两个不同地方无太大的不同，所以又不必显著地隔断开来，使室内有似隔非隔、似分未分的意趣。有落地罩、栏杆罩、圆光罩、花罩、坑罩、几腿罩等式样。如三间大厅即可在左右两排柱上顺着梁枋安栏杆罩或花罩，如是，中间的明间即是较为正式的接待会客的地方，而左右次间是漫谈的小客

花罩

博古架

厅。使用花罩的都是大的厅堂建筑，因而其另一个作用是避免房间显得空旷，加强视觉变化，增强艺术效果。

博古架亦称“多宝槅”，室内供摆设或兼做隔断用的高级木装饰物，一般用优质木料做成各种拐子纹样的透空、通天的架子，宽一二尺，上摆古玩器物。帝王贵族的宫殿或豪富的大宅常用博古架或书架做隔断，这是既风雅又阔绰的装饰品，时常是将一大间的隔断地方全做成横置的博古架，有时也做成一连几间横置的博古架。有时在边缘处加些精巧的花牙子，一眼看过去绮丽动人，再摆上各种稀世的珍奇古物，真是琳琅满目，美不胜收。

天花与藻井

天花，即室内的顶棚。藻井，指局部天花板升高的部分，或结构本身形成的穹隆状。天棚上设一口“井”，取以水压火的寓意。中国木结构建筑最怕的就是火。

天花多呈棋盘格布置，上绘龙凤、花卉、几何纹样或做成浮雕图案。彩画有飞天、卷草、凤凰和网目纹等图案，颜色以朱红、丹黄为主，间以青绿。藻井有方井、圆井和八角井等，凹面及井周常饰以彩画、雕刻、斗拱等。天花藻井，汉代已用于宫殿等大型建筑的装饰。藻井制作精巧华丽，与天花配合，对整个室内环境形成有力烘托，在布置室内空间方面，可产生中心突出和崇高感，并使上部空间具有雍容华丽、五彩缤纷的建筑艺术效果。

天花分为海墁、井口、卷棚等。海墁不分格，可绘彩画；井口天花用支条分成方格，中间画团状彩画；卷棚又称轩，为向上拱起的曲面天花，多用于南方园林的厅堂前部及前廊。重要建筑正中设藻井，有圆形、方形、菱形及覆斗、斗八等形式，尊贵的建筑中藻井层层上收，用斗拱、天宫楼阁、龙凤等装

藻井

饰，并贴满金箔，富丽异常。

壁纸

壁纸是一种使用面极广的装饰产品，历史悠久，艺术性强。纸是中国的伟大发明，一般认为壁纸源于中国。由于文献的缺失，我们对壁纸的起源与早期发展所知甚少。然而，明清史料中有很多用纸裱糊房屋的记载，北京故宫的内檐装修中有大量壁纸遗存，包括手绘壁纸与印花壁纸，比如养心殿三希堂的壁纸是白地银花卍字、瓦当纹，十分雅致。

民间也有一些糊墙花纸的印版与实物传下来，说明这种工艺源远流长。从17世纪晚期起，中国色彩富丽的手绘壁纸大量外销欧洲，在欧洲掀起了一股中国壁纸的热潮。

金砖

古时一种高质量的铺地方砖，因质地坚细，敲之若金属般铿然有声，故名金砖，故宫的重要宫殿中都铺设有这样的砖。现在我们看到的太和殿金砖是清康熙年间铺设的，至今，它们依然光亮如新。故宫太和殿内共铺设金砖4718块。

金砖的出产地在苏州。因为苏州土质细腻、含胶状体丰富、可塑性强，制成的金砖坚硬密实，而且苏州靠近大运河，运输方便，可以从水路直达北京通州。几百年来，金砖的制作工艺代代相传，延续至今。古老的制作方法是，选好的泥土要露天放置整整一年，去其“土性”，然后浸水将黏土泡开，让数只牛反复踩踏练泥，以去除泥团中的气泡，最终练成稠密、细腻、滋润的泥团。再经过反复摔打后，将泥团装入模具，平板盖面，两人在板上踩，直到踩实为止。然后阴干砖坯，要阴干7个月以上，才能入窑烧制。烧制时，先

北京故宫养心殿三希堂瓦当纹壁纸

用糠草熏一个月，去其潮气，接着劈柴烧一个月，再用整柴烧一个月，最后用松枝烧40天，才能出窑。出窑后还要经过严格检查，如果一批金砖中，有6块达不到“敲之有声，断之无孔”的程度，这一批金砖都算废品，要重新烧制。就这样，从泥土到金砖，要长达两年的时间。从窑里搬出来的金砖还得细致地打磨，一边磨，一边冲水，不仅要让金砖表面变得平滑，还要让它使用时间愈长，反而愈加光亮。

打磨之后的金砖，要一块块地浸泡在桐油里。桐油不仅能使金砖光泽鲜亮，还能够延长它的使用寿命。至此，从泥土到金砖的全部工序才算大功告成。

故宫的装修

北京故宫的太和殿，是古代建筑中规模最大的殿宇之一，但它的功能比较单纯，是一种礼仪性的建筑，仅供举行重大庆典活动之用，它的室内空间需要展现宏伟、壮观的气势，仅利用原有的结构，便已形成一种皇权的威慑感。那一排排的大柱子，纵横支承的梁枋，竖直方向没有任何遮挡，只在当心间把六根柱子涂成金色，使其跃出红色柱林，皇帝的宝座就设在这六柱之间。在梁枋之间铺满天花，大面积的井口天花中，仅有当中的一间做成了金色的龙井。龙井之下便是承托宝座的矮矮的基坛。要论其室内装修，重点就在这当心间的宝座与龙井了。大殿的开间中，只有这一开间装修独特。在超大的室内空间中，这唯一的宝座和龙井，最为突出。它的“唯一”体现的正是皇权至上、唯我独尊的思想。这种单一简约、以少胜多的装修处理，与太和殿的礼仪性功能十分贴合。

但宫殿中的其他建筑与此相比就有所不同了，需要满足较多的功能要求。故宫的养心殿是皇帝日常办公的处所，皇帝在这里批阅大臣的各种奏折，与大臣商议政务，既要有体面气派的大空间，又要有秘密性的小空间。因此将当心间与西次间以板墙隔开，西次间与梢间之间又以碧纱厨隔开。西次间为皇帝批阅奏章、与重臣亲信面授机宜之处。西梢间因皇帝在这里收藏稀世书法珍品，被命名为“三希堂”，面积仅4平方米。

现存古建筑中室内装修、装饰最精美、最华丽的，当属北京故宫的宁寿宫。

宁寿宫为乾隆皇帝预先为自己建的退位归政后的居所。乾隆皇帝于乾隆三十六年（1771年）即60岁时下旨内务府修建宁寿宫，由宠臣和珅等主持修建。

宁寿宫内檐装修的艺术构思和工艺特色达到无与伦比的程度，溢彩流光，登峰造极。隔扇与罩框处除选用楠木、花梨、紫檀、鸡翅木等名贵木材，还用竹、玉、宝石、骨料、象牙、陶瓷、景泰蓝以及银、铜等材料大面积镶嵌，配以书画、刺绣、缂丝构成冷暖色调的搭配，琳琅满目，绚丽多彩。

故宫宁寿宫内景

其中的养性殿装修以紫檀为之，板面装饰做乌木镶嵌，格心以回纹嵌玉，并采用缠枝花卉双面绣作为双面夹纱材料。仙楼上、下层的裙墙分别贴雕竹黄花鸟、山林百鹿，并点缀以木、湘妃竹、漆作等制成的各种图案。其中尤为突出的是双面绣织品和贴雕竹黄作品。竹黄，又称翻黄、贴黄、文竹，是竹刻工艺的一种。其做法是将毛竹锯成竹筒，去节去青，留下一层竹黄，经煮、晒、压平，胶合或镶嵌在木胎、竹片上，然后磨光，再在上面雕刻纹样。

倦勤斋中隔扇、罩的横披心、格心的夹纱使用的均为刺绣品，采用双面绣的手法，没有线头外露，可供两面观看，技术要求高，为清代的新产品。图案为吉祥缠枝花卉，花形优美，配色雅致，浓淡相宜，精美绝伦。

坐落在北京什刹海西南角的恭王府，前身为和珅的宅邸。恭王府的锡晋斋，其内部装饰仿照故宫宁寿宫乐寿堂的样式，这就是和珅后来的罪名之一。嘉庆四年（1799年），和珅被赐自尽。其20条大罪中的第十三条称："所盖楠木房屋，奢侈逾制，其多宝格及隔断样式，皆仿照宁寿宫制度。其园寓点缀，竟与圆明园蓬岛瑶台无异，不知是何肺肠！"

明清家具

两晋和南北朝时，垂足坐渐渐流行，室内家具发生了较大的变化，除床以外，出现了椅子、凳子等，还出现了高型的桌案。唐以后，椅子、凳子不算罕见，但跪坐和趺坐当时依然存在。唐代处在两种起居方式消长交替的阶段。从五代顾闳中《韩熙载夜宴图》中描绘的家具造型看，当时高型家具的品种类型已基本具备，为两宋时代高型家具的普及打下了基础。

到了宋代，人们的起居已不再以床为中心，而移向地上，完全进入垂足高坐的

【名称】顾闳中《韩熙载夜宴图》局部
【年代】五代
【现状】北京故宫博物院藏

时期，各种高型家具已初步定型。到了南宋，家具品种和形式已相当完备，工艺也日益精湛。我国家具在这个优良而深厚的基础上发展，至明代大放异彩，成为我国传统家具的黄金时代。宋代以前，不仅起居方式及家具品种和日后相去甚远，而且即使当时有精美的家具也很难保存下来。传世的古家具除了山西古庙里偶有一些宋元年代的外，主要是明朝末年以后的制品。原因除了年代远近的因素，主要在于家具的主要用材——木材是最易燃、易腐、易损坏的材料。古家具的用材一般是松木、桐木、楸木、榆木等，即使是宫廷用的高级的家具也不过是银杏木，只是在髹漆彩绘、描金、嵌螺钿等工艺上用心。嘉靖年间开放海禁，使得海外贸易规模不断扩大，花纹华美的优质木材开始被大量进口。东南亚的黄花梨木、紫檀等纹理致密、色泽幽润，用这些坚硬密致的硬木制造的家具，相对结实耐久。范濂《云间据目抄》中记载："细木家伙，如书桌、禅椅之类，余少年曾不一见。民间止用银杏金漆方桌。莫廷韩与顾、宋两家公子，用细木数件，亦从吴门购之。隆、万以来，虽奴隶快甲之家，皆用细器，而徽之小木匠，争列肆于郡治中，即嫁妆杂器，俱属之矣。纨绔豪奢，又以椐木不足贵，凡床橱几桌，皆用花梨、瘿木、乌木、相思木与黄杨木，极其贵巧，动费万钱，亦俗之一靡也。尤可怪者，如皂快偶得居止，即整一小憩，以木板装铺，庭蓄盆鱼杂卉，内则细桌拂尘，号称书房，竟不知皂快所读何书也。"

明式家具

明式家具著名的原因在于：继承了宋代家具的各种优美的造型和精巧雅致的优良传统，并加以发扬，从而形成了独特的形式。简单说，明式家具不但做工精密巧妙，形制、式样比例科学、合理，便于生活、舒适实用，而且为了节约珍贵的木材，明式家具的造型简练到了极致，横截面到了最小的限度。

此外，为了突出优良木材本身的纹理，不以繁缛为工，只用极少的图案雕刻，以增强家具的装饰性；只使用宽窄、粗细、长短、深浅、凹凸及平面等各种不同的脚线，来增加家具表面的线条变化，取得和谐统一、变化多端的效果。因此明式家具给人以舒展、大方、明快、清新、纯朴、典雅的极大精神享受，具有永恒的艺术魅力。中国耐人寻味的东方家具体系，在世界家具发展史上独树一帜。

清式家具

到了清康熙晚期，特别是雍正、乾隆两朝，制作了大量宫廷家具，这是因为有无数新的宫殿需要大量的家具陈设。雍正、乾隆父子都极为讲究室内陈

【名称】黑漆带托泥描金山水楼阁纹宝座
【年代】清代
【现状】中国国家博物馆藏

设，喜爱各种工艺美术和精巧雅致的东西。很多家具都是根据他们的旨意制作的。另外，康熙宫廷用器包括家具的主要设计者——工部侍郎刘源是一位艺术修养很高的画家；雍正、乾隆年间造办处的主要管理者——内务府大臣海望也是一个富有设计能力的人，他亲自设计了许多家具。这些宫廷家具的风格相对于明末清初的明式家具发生了很大变化，因此被后世称为清式家具。相比明式家具的纤细空灵之美，清式家具则凝重端庄，具有皇家气派。除了雕漆、雕填、描金、彩漆、金漆、仿莳绘等各种髹漆类家具外，硬木家具以紫檀为主，多雕刻花纹，花纹一般为隐起刻法，细腻雅致。另外，此时的家具多附加镂空精巧的花牙子。还有采用多种镶嵌材料进行的装饰，有玉石象牙、珐琅瓷片、银丝竹黄、斑竹、棕竹、瘿木、黄杨、椰壳等，或以不同的木材拼接，形成不同色泽的美感，美轮美奂，富丽堂皇。

明清室内陈设

高型家具的出现改变了古代家具按需要随时陈设撤换的方式，改为相对固定的陈设格局。

明、清两代室内家具布置以对称手法为主，偶有非对称方式。一般以堂屋后檐窗为背景，放置长条案，条案前放方桌，两旁为椅子。其前方两侧又各有四椅相对，供宾主对坐。书房与卧室的家具采用非对称方式，无固定的格局。

室内装饰以挂画、匾联为主，也可悬挂嵌玉、贝、大理石的挂屏。一般厅堂多在后墙正中上悬挂中堂大画，两旁配以对联。匾又称牌、额，一般分为两类：一类只题殿堂、商号名称，另一类则题刻有所寄寓的文字。前者形式正规，为长方形；后者比较自由，有册页形、秋叶形、手卷形、碑碣形等，多用

于园林建筑。联又称楹联、对联，紧贴在气氛严肃的建筑物的圆柱上，常用长条形、表面呈弧状。园林建筑的楹联变化较多，有蕉叶联、此君联（竹节形）、雕花联等。匾联集诗文、书法、工艺美术于一身，不但本身的造型丰富了建筑艺术，而且通过题写的文字，深化了建筑艺术的内容。

明、清两代室内陈设丰富多彩。桌案上的瓷器、宣德炉、盆景、盆花，地面上的炉架、炉罩、宫灯，这些与家具配合陈列，有的营造出典雅宁静的气氛，有的表现出庄严华丽的格调，各具特色。

明代厅堂复原展示

宫廷陈设举例

现存年代最早的一份乾清宫陈设册摘录如下：

正中设宝座，楣间悬顺治御笔“正大光明”匾拓本。两楹悬康熙御笔联（现设为乾隆临摹）：“表正万邦，慎厥身修思永”“弘敷五典，无轻民事惟难”。北两楹乾隆御笔联：“克宽克仁，皇建其有极”“惟精惟一，道积于厥躬”。正中设地平一份，地平上设：金漆五屏风，九龙宝座一份。座上设：紫檀木嵌玉如意一柄；红雕漆痰盆一件；玻璃四方容镜一面；痒痒挠一把。座下左右设：铜掐丝珐琅角端一对，附紫檀木香几；铜掐丝珐琅垂恩香筒一对，紫檀木座；铜掐丝珐琅仙鹤一对，古铜甗（yǎn）四件，紫檀木金漆香几座；铜掐丝珐琅圆火盆一对。东西板壁下设，紫檀木大案一对，上设：《古今图书集成》五百二十套；天球、地球仪各一件，附紫檀木座；铜掐丝珐琅鱼缸一对，紫檀木座；铜掐丝珐琅满堂红戳灯二对。紫檀木案一张，上设：周蟠夔鼎一件，紫檀木座盖；铜掐丝珐琅兽面双环尊一件，紫檀木座；青花白地半壁宝月瓶一件，紫檀木座；《皇舆全图》八套；《国朝宫史》四套。紫檀木案二张上设：《皇朝礼器图式》二十四匣，九七二册……

文人雅室陈设

中国文人士大夫，创造了一种极为优雅的生活方式。宋代赵希鹄在他的《洞天清录》一书中描述这种生活，笔趣盎然地写道：“明窗净几，罗列布置；篆香居中，佳客玉立相映。时取古人妙迹以观，鸟篆蜗书，奇峰远水，摩挲钟鼎，亲见商周。端砚涌岩泉，焦桐鸣玉佩，不知身在人世，所谓受用清福，孰有逾此乎？”

由于文人们每天更多的时间是待在书房里读书、写字、作画，因此他们对书房的陈设布置极为讲究。正如明沈春泽在《长物志》序中讲的那样：“室庐有制，贵其爽而倩、古而洁也……书画有目，贵其奇而逸、隽而永也；几榻有度，器具有式，位置有定，贵其精而便、简而裁、巧而自然也。”《长物志》是一本专门讲园林、居室陈设布置的书，作者文震亨，出身于苏州风雅世家，是大画家文徵明的曾孙。

《遵生八笺》中认为书房应当这样布置：“斋中长桌一，古砚一，旧古铜水注一，旧窑笔格一，斑竹笔筒一，旧窑笔洗一，糊斗一，水中丞一，铜石镇纸一。左置榻床一，榻下滚脚凳一，床头小几一，上置古铜花尊，或哥窑定瓶一。花时则插花盈瓶，以集香气；闲时置蒲石于上，收朝露以清目。或置鼎

明代书房复原展示

炉一，用烧印篆清香。冬置暖砚炉一……”

这里陈设的家具不像宫廷陈设那样庄重豪华，而是简洁疏朗，清雅宜人。

房间的布置除了体现主人的审美情趣，更能从中看出主人的性格。《红楼梦》中探春的房间不像一般小姐的闺房精巧温馨，却有着男子一样的气派：

“探春素喜阔朗，这三间屋子并不曾隔断，当地放着一张花梨大理石大案，案上堆着各种名人法帖，并数十方宝砚，各色笔筒，笔海内插的笔如树林一般。那一边设着斗大的一个汝窑花囊，插着满满的一囊水晶球的白菊。西墙上当中挂着一大幅米襄阳《烟雨图》。左右挂着一副对联，乃是颜鲁公墨迹。其联云：烟霞闲骨格，泉石野生涯。案上设着大鼎，左边紫檀架上放着一个大官窑的大盘，盘内盛着数十个娇黄玲珑大佛手。右边洋漆架上悬着一个白玉比目磬，旁边挂着小槌。”

中国印记